冬小麦奢侈蒸腾变化规律及其调控

梁悦萍　高　阳　段爱旺　著

中国农业科学技术出版社

图书在版编目（CIP）数据

冬小麦奢侈蒸腾变化规律及其调控 / 梁悦萍，高阳，段爱旺著． -- 北京：中国农业科学技术出版社，2024.7． -- ISBN 978-7-5116-6935-3

Ⅰ．S512.1

中国国家版本馆CIP数据核字第 2024UL5543 号

责任编辑	李　华
责任校对	李向荣
责任印制	姜义伟　王思文

出 版 者	中国农业科学技术出版社
	北京市中关村南大街 12 号　　邮编：100081
电　　话	（010）82109708（编辑室）　（010）82106624（发行部）
	（010）82109709（读者服务部）
网　　址	https：// castp.caas.cn
经 销 者	各地新华书店
印 刷 者	北京建宏印刷有限公司
开　　本	170 mm×240 mm　1/16
印　　张	7
字　　数	113 千字
版　　次	2024 年 7 月第 1 版　　2024 年 7 月第 1 次印刷
定　　价	85.00 元

前　言

    冬小麦是我国最为主要的粮食作物，华北平原是我国的冬小麦主产区之一，该地区冬小麦占全国总产量的51%，同时也是我国水资源最为短缺的地区之一。由于该地区降雨与作物需水不同步，必须进行补充灌溉才能保障冬小麦的高产稳产。然而，在气候变化和人类活动双重影响下，该区域的水资源量呈显著地持续下降趋势。据统计，冬小麦灌溉用水占该地区可利用水资源总量的70%~80%。因此，探索发展冬小麦节水技术和措施，是区域农业节水发展的主要方向，也是农业摆脱水资源危机和实现农业现代化的战略选择。随着灌溉节水技术和措施的不断发展，水资源短缺对农业生产的冲击得到了一定程度的缓解。然而，在保证冬小麦产量的同时持续提升冬小麦的用水效率任重道远，充分挖掘作物生理性节水与技术，提高作物自身的水分利用效率就显得尤为重要。

    蒸腾作用是植物重要的生理过程，它能够保障植物体生理指标，维持生存的基本生命体征正常，保持冠层微环境稳定，但也会从农田生态系统带走水分，引起水分大量丧失。作物蒸腾能够消耗60%以上的土壤储水，作物大量蒸腾失水在一定程度上降低了农田土壤水的利用率，也加大了水分短缺背景下农业灌溉的压力。作物蒸腾耗水中仅有一小部分的水分可用于作物生长和新陈代谢，97%~99%的水分通过蒸腾作用流失到植物体外，不能形成光合产物。因此，抑制作物不必要的（无效）蒸腾失水，对提高灌溉水利用效率、缓解农业用水矛盾具有重要意义。光照是影响作物生长的重要因素，叶片的光合速率和蒸腾速率随着光合有效辐射的升高而升高，当光合有效辐射达到一定数值的时候（光饱和点），光合速率基本保持不变，但蒸腾速率仍然持续上升，这部分显著增加的蒸腾为无效蒸腾，也可称为"奢侈蒸腾"。减少作物奢侈蒸腾对减少农田水分丧失、提高水分利用效率及促进农业生产可持续发展具有重大意义。另外，水分的供给状况也直接影响作物的生长发育、光合过程及蒸腾过程，进而影响作物的水分利用效率。因此，本研究通过设置超过光饱和点之后不同程度的遮阴及水分供给处理，分析光合有效辐射和水分供给程度调控对冬小麦的光合特性、蒸发蒸腾特性、生长发育、产量形成过程及水分利用效率的影响，探讨既能维持或提高冬小麦产量和水分利用效率，又可以减少无效水分消耗的途径与措施，对未来实现作物用水过程的精准控制，提高农业水资源的管理水平和利用效率，保障农业生产的持续稳定具有重要意义。

本书由中国农业科学院农田灌溉研究所梁悦萍、高阳、段爱旺负责撰写和校稿工作。在课题研究及书稿撰写中，得到了司转运、李鹏慧、宁东峰等老师及一些同行的大力支持，同时本书在撰写过程中还参考和引用了大量国内外相关文献。在此，谨向为本书的完成提供支持的单位、研究人员和相关文献的作者表示敬意与感谢。

由于著者水平有限，时间仓促，书中难免有疏漏与不足之处，敬请读者批评指正。

著　者

2024年5月

目　录

1 绪论

1.1 研究背景与意义

我国水资源短缺严重，人均和亩均占有量远远低于世界平均水平，加之水资源分布严重不均，长江以北地区，水资源仅占全国总量的19%，而耕地面积却占全国的2/3，使得整个北方地区水资源短缺形势更为严峻（山仑和邓西平，2006）。冬小麦是世界第二大粮食作物，也是我国最为重要的口粮作物之一，特别是在北方地区，冬小麦是主要的粮食作物，因此北方地区的冬小麦生产对我国的粮食安全具有重要意义（许迪和龚时宏，2005；陈兆波，2007）。由于北方地区冬小麦生长的大部分时期都处于降水相对较少的时段，仅靠雨养不能满足冬小麦稳产、高产的需要，冬小麦生育期间需要进行多次灌溉，才能确保高产和稳产，从而保障粮食安全。华北地区作为我国重要的粮食产区，水资源贫乏，加之不合理的灌溉造成的水资源浪费严重，致使水资源短缺成为区域农业可持续发展的严重障碍。如何利用有限的水资源来稳定并且不断提高冬小麦的产量，已成为当前急需解决的问题。面对水资源紧缺不断加剧的现状，发展节水农业已成为一种必然趋势。节水农业是提高用水有效性的农业，它适宜在所有从事农业的地区推行，是在充分利用自然降水的基础上高效利用灌溉水的农业。节水农业的主要目标不仅是要农业保持正常速度增长，而且要充分利用自然降水和大幅减少灌溉用水以维持区域水资源的供需平衡，保证农业的可持续发展。为了提高有限水分的利用效率，已经研发了大量的节水技术和节水措施（Gao et al.，2014；Jha et al.，2017；Wang et al.，2016；Yang et al.，2003；柴兆明，2000；陈林等，2015）。当依靠农业节水技术最大限度地控制农业用水的流失、蒸发、渗漏等之后，提高农作物自身的水分利用效率，发展生物节水就显得尤为重要。深化作物需水规律研究，探索生理性节水理论与技术，对提高灌溉水利用效率、减少水资源消耗、保证农业生产的可持续发展具有重要意义。

光合作用和蒸腾作用是绿色植物生长过程中非常重要的两个生理过程，在作物生长发育监测与调控中具有重要的意义。蒸腾作用消耗掉的水分中，仅有很少一部分用于光合作用，其他大部分都用于蒸发蒸腾过程。因此，采取一定的技术措施减少无效蒸腾耗水，是实现作物生产中生理节水的一项十分必要的措施。光照环境和水分供给状况是影响植物光合作用和蒸腾作用的重要环境因子，因此通过调控植物的光照条件和水分供给条件，可以对作物的生长发育过程进行一定程度的调控。光照环境是影响作物正常生长发育的重要因素，充足的光照是提高作物产量、改善品质的保证。利用遮阴改变光照条件，将会影响作物的形态建成、光合能力、蒸腾能力以及营养物质的吸收、运移及积累等一系列生理过程，最终影响作物的产量和品质（Dong et al.，2016；Ebadi and Coombe，1996；刘小刚等，2017；王艺和韦小丽，2010）。水分的供给状况也直接影响作物的生长发育、光合过程及蒸腾过程。研究表明，适宜的水分胁迫能够显著降低植株叶片水势及叶片相对含水量，增加气孔阻力，进而减少作物的蒸腾耗水，提高作物的水分利用效率（王学文等，2010；孙岩，2007）。因此，提高水分利用效率的另一条重要途径就是维持适宜的水分胁迫。前人对于作物蒸腾耗水及如何提高水分利用效率进行了大量研究，主要集中在抑制作物蒸腾、改变种植结构、栽培模式和灌水模式等方面（侯贤清等，2012；姬景红等，2015；刘超等，2015；王燕培等，2014；杨永辉等，2014），而近几年也有越来越多的研究人员考虑到通过抑制作物的奢侈蒸腾来减少作物无效的水分消耗（Kang et al.，2017；李茂松，2010；孙岩，2007）。那么奢侈蒸腾是否真实存在？如果存在，其变化规律如何？如何进行量化表达？以及奢侈蒸腾能否得到有效抑制？抑制奢侈蒸腾的同时会对植物其他生长发育过程造成什么样的影响？这些问题已经成为众多科研工作者关注的热点，也迫切需要通过系统的研究予以明确。因此，研究奢侈蒸腾的存在状况、变化规律并探索降低奢侈蒸腾的有效途径与方法，对提高农作物水分利用效率、实现作物生理性节水及农田水分科学管理具有理论意义。

前人关于遮阴和水分对作物光合特性、生长发育、产量形成和水分利用效率影响的研究多集中在调节遮阴强度和灌水量以及在不同生育期实施遮阴和灌水等方面，而仅仅在超过作物光饱和点之后进行遮阴调控的研究目前尚未见到系统的报道。本研究通过超过光饱和点之后进行自动遮阴来改变光照强度和水分耦合的方式，研究不同光照调节和水分供给条件对冬小麦叶片光合速率、蒸腾速率，群体水平干物质积累、蒸腾量的影响及其变化规律，以及对产量形成、水分消耗过程和水分利用效率的影响，揭示奢侈蒸腾的存在状况，同时探讨既可以维持较高的产量和水分利用效率，又可以显著减少无效水分消耗的途径和措施，为未来实现对作物用水过程的精准控制，提高农业水资源的管理水平和利用效率，保障农业生产的持续稳定发展进行有益的探索。

1.2 国内外研究现状

1.2.1 光合速率与蒸腾速率的相互关系

1.2.1.1 奢侈蒸腾的定义

蒸腾作用是指水分以气体状态，通过植物的表面（主要是叶片）从体内散失到体外的现象（潘瑞炽等，2012）。蒸腾作用不仅能够促进植物对水分的吸收和运输、矿物质和盐类的吸收和运转，降低叶温，同时还能保证光合作用的正常进行。影响植物蒸腾的因素包括外界条件和内部因素，外界条件包括光照、空气相对湿度、温度、风等，内部因素包括叶面积大小和气孔大小等。植物从土壤吸收的水分中直接用于光合作用的不到1%，有98%以上都由蒸腾作用消耗，不能形成光合产物。近年来，众多学者对奢侈蒸腾进行了描述和总结，李茂松（2010）认为超出作物生理生化、营养物质运移、光合作用及产量形成等所必须的蒸腾耗水后消耗的水分为奢侈蒸腾。另外一些学者认为光合速率随光合有效辐射的增加而增加，并且有光饱和点的存在。当光合有效辐射到达光饱和点之后光合速率基本保持不变，但蒸腾速率持续上升。光合速率与蒸腾速率的非线性关系可以用抛物线方程表示，当光合速率达到最高时的蒸腾速率的值为临界值，超出该临界值即为奢侈蒸腾（Ji et al.，2017；王会肖和刘昌明，2003；杨文文，2006）。环境因素会同时影响到气孔导度、光合速率和蒸腾速率，且气孔导度又影响和调控着叶片的光合速率和蒸腾速率。降低作物奢侈蒸腾的基本原理由Jones（1976）发现，即作物叶片的光合速率与蒸腾速率对气孔导度的敏感度不同。在某些情况下，降低气孔开度可以减少蒸腾速率，但对光合速率的影响较小。因此，在超过光饱和点之后，采取措施显著降低蒸腾速率的同时保持光合速率基本不变，可能成为降低作物奢侈蒸腾的一种有效措施。另有学者发现，通过综合考虑蒸腾速率、光合速率和水分利用效率之间的相互关系，在土壤水分较高时冬小麦可能存在奢侈蒸腾耗水现象（Ji et al.，2017；吴海卿等，2000）。因此，降低土壤水分也可能是减少奢侈蒸腾的有效措施。孙岩（2007）认为，水分胁迫能增强叶片的保水能力，使作物的奢侈蒸腾相对减少，水分利用效率相对提高。刘小刚等（2017）的研究结果表明，适宜的水光组合能使小粒咖啡减少叶片的奢侈蒸腾量，从而保持较高的水分利用效率。分根交替灌溉由康绍忠等（1997）首次系统地提出，将节水灌溉技术原理与作物感知缺水的根源信号理论相结合，并且该技术在农作物、果树的应用上进行了大量的研究（康绍忠等，1994；2001）。分根交替灌溉的主要原理就是作物发生水分胁迫时，刺激根部产生的信号，进而对气孔进行有效调节。另外是光合速率和蒸腾速率对气孔导度的反应差异，即光合的滞后效应。分根交替灌溉技术能够优化气孔的行为，从而达到提高作物水分利用效率的目的（Kang and Zhang，2004；Wilkinson and Davies，2002）。分根交替灌溉技术已在玉米上做了大量的研究，结果表明，在灌水条件相同时，相比固定灌水，分根交替灌溉能够显著提高作物的水分利用效率（Blackman and Davies，1985；潘丽萍等，2010）。室内分根交替供水的试验结果也表明，分根交替供水能够增大气孔阻力，显著降低蒸腾速率，但对作物叶片的光合速率影响不显著，叶片水分利用效率明显提高（Davies and Zhang，1991）。此外，国内外一些学者指出，根层水分调控试验能减少无效水分的蒸腾，即减少奢侈蒸腾，从而提高水分利用效率和产量（Dodd et al.，2009；Yang et al.，2003）。

使用抗蒸腾剂可以减弱叶片的蒸腾作用，使水分散失减少，提高水分利用效率和产量。抗蒸腾剂是应用于植物表面能有效抑制蒸腾、减少植物体内水分消耗的物质的总称。它是一类高分子化学物质，已成为国内外节水农业研究中的热点问题之一（许旭旦，1983）。植物抗蒸腾剂抑制蒸腾的原理主要是通过降低植株叶片表面气孔的开度，使叶片蒸腾作用减弱，从而减少水分散失，促进植物对水分的有效利用。使用抗蒸腾剂的目的在于对光合作用和物质积累影响不大的同时改善作物的水分状况，最终提高作物的水分利用效率和产量（李秧秧和黄占斌，2001；Shasha et al.，2017；Srinivasa，1985）。李茂松（2010）通过抗蒸腾剂和水分处理来研究作物奢侈蒸腾及其调控基础。通过试验验证了冬小麦存在奢侈蒸腾，并且认为抗蒸腾剂能够调节气孔导度，影响小麦的光合能力和蒸腾能力，从而抑制奢侈蒸腾，减少无效水分蒸发，最终提高水分利用效率和产量，达到节水的目的。张坚强和刘作新（2001）得出结论，化学节水剂能够抑制植株叶片的奢侈蒸腾，喷洒作物行间还能大幅度地减少棵间水分蒸发。

1.2.1.2 作物叶片光合速率、蒸腾速率及影响因子的相互关系

植物在进行光合作用的过程中会与周围环境发生气体交换，而大量的水分会在气体交换中丢失。植物进行光合作用和蒸腾作用都受气孔的影响（Cochard et al.，2002；Zou and Kahnt，1988），气孔的开闭程度对蒸腾作用、光合作用具有重要的调控作用，关系到作物的水分消耗和产量形成（Farquhar and Sharkey，1982）。当气孔导度降低时，不但减少通过气孔蒸腾的水分，而且也减少通过气孔的CO_2，因此净光合速率和蒸腾速率均降低，但蒸腾速率与净光合速率降低的幅度不同（Picotte et al.，2007）。研究表明，光合有效辐射降低能够引起气孔导度降低，随着气孔导度的降低蒸腾速率将大幅下降，而光合速率下降不显著（Liu et al.，2018）。在适度水分亏缺条件下，气孔开度减小，蒸腾作用对气孔导度的敏感性大于光合作用，即气孔导度降低时蒸腾速率下降幅度要高于光合速率的下降幅度（Dingkulm，1989；接玉玲等，2001；李生秀，1994），进而提高了水分利用效率。王智威（2013）也提到，水分胁迫主要是通过降低蒸腾速率来提高水分利用效率。CO_2浓度的改变对植物最直接的影响是光合作用的变化。CO_2含量的增加或减少必然引起植物光合作用发生变化，并且对光合生理特性也会产生影响。大量研究表明，随着环境中CO_2浓度增加，植物的光合作用加强，叶片净光合速率增加，但是气孔导度和蒸腾速率降低，叶片的水分利用效率也大大增加（Baker and Allen，1993；Hunsaker et al.，1994；

McKenney and Rosenberg，1993；侯晶东等，2012；包青春等，2008；郝兴宇等，2011）。孟凡超等（2015）的研究结果表明，在CO_2浓度升高和灌溉的共同作用下，玉米叶片净光合速率升高，而蒸腾速率下降，导致叶片的水分利用效率升高。另有研究表明，CO_2浓度增加不会导致净光合速率增加，但是会导致蒸腾速率下降（Rogers et al.，1994）。Kimball等（1994）则报道，CO_2浓度增加会使净光合速率显著增加，但蒸腾速率减少不明显。

光合速率和蒸腾速率是光合作用和蒸腾作用的主要生理指标，光合速率和蒸腾速率直接决定了蒸腾效率的高低（蒸腾效率=光合速率/蒸腾速率）。Lefi等（2004）认为叶片水平蒸腾效率较高的植物，其光合速率、蒸腾速率通常都处于较低水平，而蒸腾效率较低的植物对水分条件变化非常敏感（Niu et al.，2004；Otieno et al.，2005）。也有研究表明，光合速率和蒸腾速率都较高时，作物的蒸腾效率也较高（Condon et al.，2004；Shao et al.，2006；Zhao et al.，2008）。张娟等（2005）认为影响蒸腾效率的重要因素包括叶片光合速率、蒸腾速率、气孔导度、胞间CO_2浓度等，叶片蒸腾效率与光合速率呈极显著正相关，而与蒸腾速率和气孔导度呈极显著负相关。Yu等（2004）研究表明，随着光合速率的升高水分利用效率有所提高，而当蒸腾速率较低时水分利用效率也较高。

1.2.1.3 作物群体光合速率与群体蒸腾速率的相互关系

群体光合速率能够很好地反映冠层的光合作用状况。研究表明，群体光合速率与干物质生产和产量的形成有密切关系，尤其灌浆期的群体光合速率与籽粒产量呈正相关关系（徐恒永和赵君实，1995；岳寿松等，1992）。郭天财等（2001）的研究没有得出群体光合速率与产量呈正相关的结果，却认为叶源量与产量呈正相关关系。群体光合速率表示的是单位土地面积上的CO_2同化能力，叶面积的大小是影响群体光合速率的重要因子，它直接影响作物的光能截获率（Ariosa et al.，2006）。研究表明，小麦的群体光合速率在拔节期、灌浆期与叶面积指数呈正相关关系，随着叶面积指数的增加，群体光合速率明显增加（董树亭，1991；曹倩等，2012；Puekridge，1970）。光照是影响作物光合作用的重要因素，有研究表明，群体光合速率随着光合有效辐射的降低显著下降，且不同品种间也存在显著差异（Mu et al., 2010）。种植密度能够影响群体光合速率的大小，任德昌等（1998）的研究结果表明，大密度处理的小麦花后群体光合速率高于小密度处理，但是岳寿松等（1992）认为花后低密度处理反而会有较高的群体光合速率，这可能与使用的作物品种有关。群体水分利用效率=群体光合速率/群体蒸腾速率。群体水分利用效率能够更好地反映群体水分利用情况（解婷婷等，2010）。除此之外，群体水分利用效率也被认为是生态系统生产力的一个重要特征，可以作为反映气候变化的重要因子（Niu et al., 2011）。

1.2.2 遮阴对作物生长发育、光合特性及水分利用效率的影响

光照是影响植物生长发育、形态建成的重要环境因子。光照条件的改变可明显地改变植物的生长环境，进而影响植物一系列的生理过程，最终影响作物的产量和品质。遮阴作为一种改变光照条件的措施，已广泛应用于各种作物中，例如花卉、苗木等。采取适宜的遮阴措施，不仅能够降低光照强度和温度，为作物提供适宜的环境条件，而且能够促进作物的生长发育。但是不恰当的遮阴也会使作物光合作用降低，产量下降，品质变差。国内外学者对遮阴影响作物生长发育的研究多集中在遮阴对植物生长发育、光合特性、水分利用、养分吸收利用等方面。叶片是作物进行光合作用的主要器官，光照和水分状况的改变对作物的光合作用、蒸腾作用产生很大的影响（Fay and Knapp, 1993; Crookston et al., 1975），并且不同程度地影响作物的生长发育（Thangaraj and Sivasubramanian, 1990），最终影响产量和水分利用效率（Liu et al., 2018）。

1.2.2.1 遮阴对作物生长发育的影响

光照强度是影响作物生长发育、产量和品质形成的重要因素，充足的光照是提高作物产量、改善作物品质的保证。但过于强烈的太阳辐射会造成高温和低水汽压差（VPD）环境，增加植物胁迫进而降低作物产量。因此，应当控制这些不利因素来保证植物的正常生长发育（Gent, 2007）。适当的遮阴是减少热量积累和改善作物生长气候环境的一种有效方式（Sethi and Sharma, 2007）。研究表明，植物遮阴后降低了到达植物的太阳辐射强度，导致叶片、冠层的温度降低，进而减少水分的消耗（Al-Helal and Al-

Musalam，2003；Kittas et al.，1999；Willits and Peet，2000）。除此之外，光合有效辐射的降低会使叶片温度降低、湿度上升、CO_2浓度升高等（崔海岩等，2012；郭翠花等，2010；刘贤赵，2001；史建国等，2015；张静，2012）。因此，适宜的遮阴能够改变作物生长的微环境，进而促进植物的生长发育，增加产量，甚至提高水分的利用效率。作物的根系、叶片和茎秆等形态特征是对环境响应的最重要的外观指标。研究发现，植物能够通过其叶片结构、形态结构、干物质分配方式等的改变来适应光环境的变化。国内外学者对不同光照强度下植物的生长发育、产量形成等方面进行的研究，结果发现不同光照条件对植物生长发育的影响不同。为了适应光辐射的下降，植物的叶片会出现变大变薄、叶色变淡等（Han et al.，2017），干物质积累量下降、产量和品质降低以及推迟作物生育进程和成熟等现象（Somporn et al.，2012）。这也主要是因为遮阴减少了冠层的太阳辐射，导致叶片供给能力不足，进而使合成的光合产物降低（Archer and Strauss，1989；Yildirim et al.，2017）。

国内外一些学者也通过人为控制光强和改变试验材料等来研究不同光照强度对植物生长发育的影响，得出了许多相似或相同的结论。崔海岩（2013）指出遮阴对夏玉米出苗时间没有显著影响，但是出苗后玉米的生育期延长，成熟期推迟。同时，遮阴后夏玉米的籽粒产量和单株干物质积累量也显著降低。赵立华等（2012）的研究表明，弱光胁迫导致玉米叶片的细胞体积增大、细胞壁变薄等。史建国等（2015）指出遮阴后夏玉米的产量、干物质积累量、最大灌浆速率均有不同程度的降低，而增加光照强度能够增加夏玉米的产量、干物质积累量及最大灌浆速率。Chaturvedi和Ingram（1989）、Thangaraj等（1990）研究了遮阴条件下水稻的生长发育和产量的变化，结果表明，遮阴使水稻的分蘖数和干物质积累速率下降，叶面积指数和有效穗数减少，结实率降低，产量和收获指数也降低。武晓玲等（2014）指出大豆幼苗对弱光的响应表现为株高增加，茎粗、根长、生物量以及根冠比降低。

一些学者认为遮阴对作物的生长发育产生消极影响。祁祥（2013）认为谷子的株高随着遮阴程度的增大而增加，而茎粗、穗长却逐渐降低，但对叶片大小的影响较小。除此之外，遮阴还降低了谷子的穗重、穗粒重及产量。邓飞等（2009）发现遮阴降低水稻的有效穗数，并使籽粒充实度和充实率分别下降了16.64%和7.41%。Singh（1986）对棉花在花期和成熟期施加低光照处理，结果使果实脱落增多、棉籽产量下降和纤维质量变差。王庆材等（2006）研究发现，棉株在花铃期遮阴使棉花纤维成熟度、断裂比强度和长度明显降低，但是纤维细度有所增加。贾士芳（2007）认为玉米花粒期遮阴显著降低了籽粒容重、淀粉及其组分含量，并且能显著影响籽粒的商品品质和籽粒营养品质。冯妍（2011）、Kobata和Makoto等（2000）表示遮阴能够降低作物的叶面积指数、生物量及产量。吴亚男等（2015）则认为，玉米遮阴后的产量、穗长、行数、行粒数和总粒数均明显降低，但是遮阴能加快生育进程，降低干物质日积累量和结穗率。王一等（2013）的研究表明，遮阴使大豆的主茎长和主茎长/茎粗值升高，但分枝数降低，同时产量也随着遮阴时间的增加而降低。但也有一些学者认为遮阴对作物的生长有积极的作用。一些学者指出，遮阴能够推迟冬小麦叶片衰老，籽粒和产量都会升高（Xu et al.，2016）。另外一些学者也指出适度的遮阴不仅能够增加一些热带作物的叶面积指数、叶片光合速率、收获系数，而且能够增加其水分利用效率等（Murray and Nichols，1966）。

1.2.2.2 遮阴对作物光合特性的影响

光照强度是作物生长发育必不可少的重要因素。在弱光条件下，植物的光合特性、叶绿素含量、参与光合作用的酶活性及电子传递等都会发生改变。研究表明，遮阴能够显著改变植物的光合特性，显著影响叶片的光合作用、蒸腾作用（Petersen et al.，1991；Ottman and Welch，1988）。随着遮阴程度的加剧，作物的光合速率呈下降趋势（Dong et al.，2016）。Zhao和Oosterhuis（1998）认为重度遮阴能够使棉花净光合速率减少43%～55%。适当短期的弱光处理可增加植物叶肉细胞CO_2的浓度，降低气孔导度，进而影响光合速率和蒸腾速率（Petersen et al.，1991）。但较长时间处于弱光环境中的植株其生理功能就会为适应弱光做出相应的反应。Fay和Knapp（1998）以大豆为试验材料，在遮阴9min的时间里发现，叶片的气孔导度和蒸腾速率均显著降低，但对气孔导度和蒸腾速率的影响显著高于光合速率。Crookston等（1975）的试验结果表明，遮阴能够平均降低大豆净光合速率38%左右，但是平均增加叶片气孔阻力76%。Bauer等（1997）指出在短期遮阴条件下大田棉花叶片气孔导度能减少35%～42%。刘贤照（2001）分析了不遮阴、轻度遮阴、重度遮阴3种遮阴水平和高、中、低3种水分组合对棉花气孔导度、净光合速率、蒸腾速率等的影响。结果发现，相比对照，高、中水分条件下重度遮阴的叶片气孔导度分别增加28.02%和31.00%，但净光合速率分别减少44.19%和19.42%。轻度遮阴的气孔导度分别增加19.12%和25.44%，但净光合速率分别增加20.93%和33.98%。而在低水分条件下，不同程度的遮阴处理气孔导度没有明显差别，但重度遮阴和轻度遮阴均会使净光合速率分别减少18.82%和9.48%。祁祥（2013）认为，相比自然光照，遮阴条件下谷子的叶片净光合速率、蒸腾速率、气孔导度均降低，而胞间CO_2浓度显著上升。刘博等（2008）研究发现水稻叶片的气孔导度、蒸腾速率和胞间CO_2浓度随光照强度的减弱而减小。乔旭等（2013）认为小麦旗叶净光合速率和蒸腾速率随着遮阴程度的增强显著降低，但随遮阴程度的增加胞间CO_2浓度显著增加。崔海岩（2013）认为遮阴显著降低玉米叶片的光合速率、蒸腾速率和气孔导度，但遮阴条件下的胞间CO_2浓度较不遮阴表现为先降低后升高的趋势。

　　光合色素在光合作用中具有重要的作用，绝大部分的光合色素具有吸收和传递光能的作用，并且极少数特殊状态的叶绿素a分子具有光化学活性，可将光能转化为电能。因此，植物光合色素含量的高低直接影响光合作用的强弱。研究表明，随着遮阴程度的增加，叶绿素总量呈升高趋势，但叶绿素a/b逐渐降低（闻婧等，2014）。付景等（2009）研究了不同品种玉米的光合色素在弱光胁迫下的变化规律，结果表明，大部分玉米品种的叶绿素b含量和总叶绿素含量增加，类胡萝卜素含量明显降低，但叶绿素a含量的变化没有明显的规律性。光合酶是影响植物光合作用的重要因素。目前对光合酶的研究主要集中在磷酸烯醇式丙酮酸羧化酶（PEPC）、蔗糖磷酸合成酶（SPS、SS）和1,5-二磷酸核酮糖羧化酶（RuBPC）等。一般情况下，处于低光环境下的植物的光合酶活性都会下降。吴正锋等（2014）指出，低光条件使花生功能叶片中的RuBPC活性降低。而张吉旺（2005）的研究结果也表明，遮阴能够显著降低玉米叶片的RuBPC和PEPC活性，且随光照强度的减弱而减小。

1.2.2.3 遮阴对作物水分利用效率的影响

光照是植物进行光合作用且保证作物正常生长的前提条件。光照环境的变化将会对植物的形态建成及生理特性造成重要影响，进而影响植物对水分的吸收和利用。因此，研究遮阴与水分利用效率之间的关系将为设施农业中的高效用水提供理论基础。相比自然光照，作物的光合速率和蒸腾速率在遮阴条件下明显降低，当光合速率的下降幅度大于蒸腾速率时，其叶片的水分利用效率降低，反之则增加。适宜的遮阴程度能够提高叶片的水分利用效率，但较大的遮阴程度反而会降低叶片的水分利用效率（Fay and Knapp，1993；范叶萍等，1998）。刘小刚等（2017）认为在亏缺灌溉下，遮阴处理能够降低植物的蒸腾速率，但光合速率降低不显著，进而提高了叶片的水分利用效率。刘贤赵（2001）也认为遮阴能够通过降低植物的蒸腾速率来提高叶片的水分利用效率。Crookston等（1975）研究了遮阴对大豆叶片水分利用效率的影响，结果表明，重度遮阴条件下大豆净光合速率的下降幅度大于蒸腾速率，进而降低了叶片水分利用效率。同时，Fay和Knapp（1993）在研究遮阴对燕麦的影响中也发现，相比对照，重度遮阴使燕麦的叶片水分利用效率降低了22%~40%。在刘贤赵（2001）关于中午遮阴对棉花水分利用效率的研究中指出，在相同供水条件下，适当遮阴能够提高棉花的叶片水分利用效率。相比不遮阴，中度遮阴的叶片水分利用效率有所增加，而重度遮阴的叶片水分利用效率显著降低。

1.2.3 水分胁迫对作物生长发育、光合特性及水分利用效率的影响

水分是农作物生长发育的主要影响因子之一，水分亏缺对农作物的生长发育具有显著的影响。近年来，水资源短缺已成为许多地区农业生产的严重障碍因子，而世界农业正不断向干旱区发展，面对干旱程度日益加剧的局面，提高作物用水效率，发展节水灌溉已经成为缓解水资源危机、提高作物产量、保证农业生产持续发展的重要途径。许多研究结果表明，水分亏缺能够显著影响植株各器官的生长发育，表现为株高降低、叶面积变小、生物量降低等，同时影响了植株一系列生理代谢功能，进而降低作物的水分利用效

率。但适宜的水分胁迫也会提高作物的水分利用效率，达到节水的目的。

1.2.3.1 水分胁迫对作物生长发育的影响

水分对作物的生长发育具有至关重要的作用，水分亏缺对作物的生长发育将产生显著影响。水分胁迫时间长短、程度大小对作物的生长发育都会产生不同的影响。水分胁迫严重影响小麦的株高、叶面积、干物质积累及产量等，且随着水分胁迫的加剧，株高、叶面积、干物质、小麦穗数、穗粒数、千粒重及产量等受到的抑制程度逐渐增强（刘培等，2010；孙岩，2007）。张国盛和张仁陟（2001）也提出，水分胁迫越严重，小麦最大根系长、根系活力、总根数的下降越明显。石岩等（1995）研究了土壤水分胁迫对冬小麦生长发育和产量形成的影响。研究结果表明，随着土壤水分胁迫加剧，冬小麦生长发育受抑制程度加重。水分胁迫使穗粒数、穗数及产量显著下降，但对千粒重的影响不显著。刘树堂等（2003）认为水分胁迫抑制了玉米的生长发育，且抑制程度随着水分胁迫的增加而增加。植株的叶面积、干物质积累量及产量均明显下降。王芳等（2006）也认为长期水分胁迫能显著降低干物质积累量。研究表明，不同程度水分胁迫对不同生育期内干物质积累量的影响不同。吴海卿等（2000）认为，低土壤水分有利于增大光合产物向根系的分配，而高土壤水分更有利于地上部发育。在适宜水分条件下，茎秆所占比例较小而穗部比例较大。而严重水分胁迫条件下，茎秆所占比例较大但穗部所占比例较小，水分胁迫能引起物质更多地向茎秆分配和转移，最终导致籽粒产量下降（盖江南等，2008；刘培等，2010；孟凡超等，2011）。

水分胁迫的发生时期不同对作物生长发育的影响也不同。邵玺文（2004）研究了拔节孕穗期水分胁迫对水稻生长发育及产量的影响。结果表明，拔节孕穗期水分胁迫对水稻有效穗、叶面积指数和株高都有较大的影响，且随着水分胁迫的加剧对其影响加重。张建平等（2015）认为，水分胁迫发生在苗期或拔节期能够对玉米籽粒灌浆产生负面影响，进而导致产量下降。张淑杰等（2011）指出，水分胁迫在拔节期和孕穗期对玉米株高的抑制作用最大，而减产幅度在抽雄吐丝期最大，苗期对其影响较小。李尚中（2007）认为拔节期和孕穗期水分胁迫对冬小麦籽粒产量、有效穗数、穗粒数、株高、穗长和无效小穗数的影响最大，而灌浆期对千粒重的影响最大。刘培等（2010）认为拔节中期是冬小麦需水敏感期，在拔节中期发生水分胁迫会对冬小麦各项生理生化指标及产量产生严重影响，而灌浆中后期发生水分胁迫对冬小麦千粒重的影响较为严重。

1.2.3.2 水分胁迫对作物光合特性的影响

水分是植物进行光合作用必不可少的因子，当植物遭遇水分胁迫后，必然会引起光合作用发生改变。研究表明，水分亏缺能够降低叶片的净光合速率，这可能是水分胁迫引起气孔导度降低、二氧化碳进入叶片受阻，从而导致光合作用的减少（Chastain et al.，2014；Tesfaye et al.，2014；高阳等，2013）。从一般情况来看，轻度水分胁迫环境下，气孔性的限制是引起光合速率下降的主要原因（薛松和王沛洪，1992），但在严重水分胁迫条件下，光合速率下降主要取决于非气孔性的限制（上官周平和周维，1998）。水分胁迫对作物的光合速率、蒸腾速率以及气孔导度等有显著的影响，进而影响光合产物的积累、转运及分配，最终影响产量（Cirl and Henry，1960；Collins et al.，2018）。研究表明，作物叶片光合速率、气孔导度随土壤水分胁迫的加剧而下降，叶绿素也显著降低，进而降低了作物的产量（庞艳梅，2008；武玉叶和李德全，2001；石岩等，1997）。另外，在水分胁迫条件下，小麦旗叶的光合速率随着土壤含水量的降低而降低，并随着生育期的推进差异越来越大（马富举，2011；单长卷，2006）。不同的生育时期对水分亏缺的反应程度也不同。赵宏伟（2006）指出，对不同生育期的大豆进行干旱处理均能使光合速率降低，但苗期和成熟期降低幅度最小，分枝期到鼓粒期降低幅度较大。

蒸腾作用是作物水分代谢的一个重要过程，它通过散失水分来达到降低作物温度的目的，同时增加作物对水分的吸收和运输，保证作物顺利进行光合作用。作物的蒸腾作用过程不仅受到叶片气孔开度大小的影响，同时也对外界环境和土壤含水量的变化反应敏感。在水分胁迫条件下，植株蒸腾速率的降低主要是气孔开度缩小引起的（刘培等，2010；张瑞美等，2006）。有研究指出，轻度水分胁迫下，相比光合速率，作物的蒸腾速率在水分胁迫条件下更容易受到气孔大小的调节，即蒸腾作用下降幅度大于光合作用，从而使叶片水分利用效率提高（刘小飞等，2008）。而王智威（2013）认为中度和重度水分胁迫能显著降低玉米叶片的蒸腾速率和气孔导度，而轻度水分胁迫能显著提高蒸腾速率。

作物发生水分亏缺时，植物叶绿素含量降低，进而植物的光合速率也会随着降低。研究表明，在水分胁迫条件下，叶绿素a、叶绿素b、类胡萝卜素及总的叶绿素含量均显著下降（Efeoglu，2009；齐健等，2006）。张秋英等（2005）认为，随着水分胁迫的加剧，叶绿素a含量的下降速度快于叶绿素b含量的下降速度。

1.2.3.3 水分胁迫对作物水分利用效率的影响

目前，农作物灌溉水的利用率及产出率比较低，通过适宜的水分胁迫来提高植物自身的水分利用率，也是目前缓解水资源短缺压力的一种途径。王智威（2013）认为，玉米苗期进行水分胁迫对蒸腾速率的影响大于对光合速率的影响，玉米苗期叶片水分利用效率的提高主要是通过降低蒸腾速率来实现的。张振平（2009）也得出类似结论，开花期进行中度水分胁迫处理，叶片主要通过降低蒸腾作用来提高叶片的水分利用效率。

国内外学者通过在小麦和玉米等农作物上进行了水分胁迫的试验得出，适当的水分亏缺可以节约大量灌溉用水，维持或提高作物产量，并提高产量质量（Kang et al.，2000；Marsal et al.，2016；Patanè et al.，2011；Santesteban et al.，2011）。与充分灌溉相比，轻度亏缺灌溉能够显著提高水分利用效率，同时也不会对作物产量造成太大影响（Liu et al.，2018；Shimber et al.，2013；Tesfaye et al.，2014；山仑和徐萌，1991）。适宜的水分胁迫可提高水分利用效率，但随着水分胁迫程度的加剧，也会显著影响作物的生长发育（刘恩科等，2010；于文颖等，2015；赵丽英等，2006）。但水分胁迫对作物的生长发育并不是完全不利。研究表明，在某生育阶段经过适度水分胁迫后复水能够补偿作物在生长发育、生理和产量等方面的不利影响，进而提高水分利用效率（陈晓远等，2004）。闫永銮（2011）的研究也得出，冬小麦拔节期适宜的轻度水分胁迫对干物质积累和产量的影响很小，但能够减少冬小麦耗水量，进而提高水分利用效率。

1.3 研究内容

本研究以冬小麦为试验材料，研究不同遮阴程度和水分状况对冬小麦生长发育、光合特性、水分消耗、干物质积累、产量形成及水分利用效率的影响，分析奢侈蒸腾的存在状况及变化规律，探讨气象条件（主要为辐射强度）、水分状况等因素对奢侈蒸腾的影响，探索对奢侈蒸腾进行调控的可行途径及适宜措施，探讨既可以维持或提高冬小麦产量和水分利用效率，又可以降低无效水分消耗的水分和遮阴组合，为未来农业节水技术发展提供理论基础和技术支撑。主要研究内容如下。

1.3.1 冬小麦奢侈蒸腾的存在状况、变化规律及量化方法

通过连续观测2015—2016年及2016—2017年两个生长季冬小麦叶片水平的光合速率和蒸腾速率，计算并量化奢侈蒸腾，验证奢侈蒸腾的存在状况，分析奢侈蒸腾的变化规律。

1.3.2 遮阴程度和水分状况对冬小麦叶片水平光合、蒸腾过程的影响

通过测定不同遮阴程度和水分供给条件下冬小麦不同生育期叶片的光合速率、蒸腾速率、气孔导度等参数，分析研究冬小麦气孔导度、光合特征、蒸腾过程的变化趋势及其相互关系，探索可以调控降低奢侈蒸腾的有效途径和措施。

1.3.3 遮阴程度和水分状况对冬小麦群体水平光合、蒸腾过程的影响

通过测定不同遮阴程度和水分供给条件下冬小麦不同生育期群体的光合速率、蒸腾速率等参数，探讨遮阴程度和水分状况对群体光合速率和群体蒸腾速率变化过程的影响，以及对群体水分利用效率的影响。

1.3.4 遮阴程度和水分状况对冬小麦生长发育和水分利用效率的影响

通过对冬小麦的形态指标、地上部干物质积累过程及分配、蒸腾蒸发耗水过程、产量及产量构成、水分利用效率等多方面进行论述，探讨既可以维持或提高产量和水分利用效率，又可以减少无效水分消耗的途径与措施，为发展高产稳产，提高农作物水分生产力，实现生理节水的高效农业提供理论依据。

1.4 研究技术路线

本研究以冬小麦为研究对象，验证奢侈蒸腾的存在状况及分析奢侈蒸腾的变化规律，同时设置2个水分处理和4个遮阴程度处理，研究了不同水分状况和遮阴程度对冬小麦叶片水平和群体水平光合速率和蒸腾速率、冬小麦生长发育及水分利用效率的影响，探索对奢侈蒸腾进行调控的可行途径及适宜措施，以及探讨在抑制奢侈蒸腾的同时实现稳产和高效节水相平衡的可能性。研究思路和技术路线如图1.1所示。

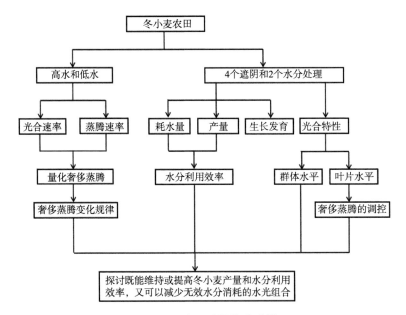

图1.1 研究思路及技术路线

2 试验材料与方法

2.1 试验区概况

试验于2015年10月至2017年5月在中国农业科学院农田灌溉研究所作物需水量试验场进行。试验场位于河南省新乡市东北部，地理坐标为北纬35°19′，东经113°53′，海拔73m，位于华北平原的中南部，属于典型的暖温带半湿润半干旱气候区。根据位于500m外新乡气象站的气象记录统计分析，试验点年平均降水量580mm，年平均气温13.5℃，无霜期220d，年日照时数2 497h，年平均积温5 070℃。试验地土壤类型为潮土，质地为轻沙壤土，pH值8.8。2015年试验开始前测定的基础养分含量为有机质18.85g·kg^{-1}，全氮1.10g·kg^{-1}，全磷2.22g·kg^{-1}，全钾19.80g·kg^{-1}，碱解氮15.61mg·kg^{-1}，速效磷72.00mg·kg^{-1}，速效钾101mg·kg^{-1}。土壤容重为1.25g·cm^{-3}，田间持水量为24%（质量含水量）。

依据设置在试验场内的自动气象站监测记录的气象数据，两个冬小麦生长季气象环境如表2.1所示。

表2.1　两个冬小麦生长季的气象环境

年份（年）	相对湿度（%）	年日照时数（h）	最低气温（℃）	最高气温（℃）	平均风速（m·s^{-1}）	平均气温（℃）	降水量（mm）
2015—2016	54.77	1 470.40	-13.10	37.20	2.04	12.01	313.60
2016—2017	61.01	1 530.10	-5.80	39.10	2.07	12.77	283.90

2.2 试验材料与设计

2.2.1 试验材料

以冬小麦（*Triticum aestivum* L.）为试验材料，供试品种为新麦26，由河南省新乡市农业科学院小麦研究所选育并提供种子。新麦26是半冬性、中熟品种，成熟期与当地大面积种植的周麦18相当。植株幼苗半直立，叶长卷，叶色浓绿，分蘖力较强，成穗率一般。冬季抗寒性较好。春季起身拔节早，两极分化快。两年的试验分别于2015年10月3日和2016年10月1日播种，分别于第二年的5月29日和5月28日收获。播种时保证试验田底墒充足，播前施复合肥（含N 15%、P_2O_5 15%、K_2O 30%），并在生长中期按300kg·hm^{-2}追施尿素（含N 46%）。施肥后立即进行灌水。冬小麦生长期间的其他田间管理及病虫害防治均与农民常规的大田管理一致。相关的试验处理和数据采集均从拔节期开始，至收获期结束。

2.2.2 试验设计

2.2.2.1 奢侈蒸腾变化规律试验

试验在自动防雨棚下进行，试验期间隔绝了降水对试验的影响。关于奢侈蒸腾变化规律及其对水分亏缺的响应，试验分成两个部分进行。

第一部分为2015—2016年和2016—2017年两个冬小麦生长季，在充分供水条件下，连续观测叶片光合速率和蒸腾速率，通过模拟计算奢侈蒸腾量，分析奢侈蒸腾的变化规律；第二部分为2016—2017年冬小麦生长季，通过连续观测不同水分处理（高水和低水）条件下叶片光合速率和蒸腾速率，比较不同水分处理对奢侈蒸腾的影响。

叶片光合速率和蒸腾速率的测定采用美国LI-COR公司生产的LI-6400XT便携式光合作用测量系统测定。从拔节期开始，每周测定1次。选择晴朗无云的天气，于每个测定日的6：00准时进行仪器预热，7：00进行叶片光合速率和蒸腾速率的第一次测定，之后每个整点测定1次，一直延续到18：00结束。每次测定时，每个处理小区都随机选取3片具有代表性的叶片测定数据，取平均值，以保证数据的可靠性。冬小麦不同的灌溉处理于返青期开始进行，高水（充分灌溉）设置的灌溉下限为70%田间持水量，低水（亏缺灌溉）设置的灌溉下限为55%的田间持水量，具体试验处理内容见表2.2。试验中田间灌水量使用高精确水表计量控制。试验小区面积为18m²（6m×3m），每个处理设置3次重复。各处理之间设置2m宽的缓冲区，并在每个处理四周打20cm高的田埂，防止不同水分处理彼此之间的干扰。

表2.2 2016—2017年不同水分处理的灌溉量

处理	灌溉日期（月-日）					总灌溉量（mm）
	2-28	3-23	4-7	4-23	5-5	
高水	30	30	30	30	30	150
低水	30			30		60

2.2.2.2　遮阴和水分控制试验

在2015—2016年冬小麦生长季设置4个遮阴程度处理，分别为S0（遮阴率0）、S1（遮阴率10%～20%）、S2（遮阴率30%～40%）、S3（遮阴率50%～60%）。在2016—2017年冬小麦生长季设置水分状况和遮阴程度两个因素，其中遮阴程度处理设置与2015—2016年一致。水分因素设置2个水平，分别为高水（充分灌溉）和低水（亏缺灌溉）处理。高水设置的灌溉下限为70%田间持水量，低水设置的灌溉下限为55%田间持水量。在冬小麦返青期开始进行灌溉处理，各水平的灌水量和灌水时间如表2.2所示。试验采用完全随机区组设计，共8个处理，3次重复，共24个试验小区。每个试验小区面积为18m²（6m×3m）。两个小区间设置2m宽的缓冲区，冬小麦行距20cm。

试验在遮阴—防雨一体自动化试验棚下进行。棚体有6根立柱，分别位于棚体的两侧，在中部两根对应的立柱之间设有上、下两根横梁，在立柱与横梁之间铺设有上层骨架和下层骨架，立柱、横梁及上、下骨架都采用中空的不锈钢圆管制成。在上层骨架和下层骨架的两端设有电机导轨，在电机导轨上分别设有电机组A和电机组B。遮阴系统由遮阳网和卷网杆组成，卷网杆的两端分别安装在电机组A的两个电机的输出端上，遮阳网覆盖在下层骨架的上表面上，遮阳网的末端缝套在卷网杆上，且下层骨架的下面设置有防风网。防雨系统由防雨布（透明塑料膜）和卷布杆组成，防雨布铺设在上层骨架的上表面，上层骨架的下面同样设置有防风网。防雨布的末端缝套在卷布杆上，卷布杆的两端安装在电机组B的输出端上。电机组A和电机组B均由4个电机组成，且两两对应地安装在电机导轨上，电机组A和电机组B的控制线均连接在控制柜内，其行动由控制柜设置的程序控制。

试验采用的是自动控制遮阴和挡雨系统，可以通过预设置光合有效辐射值和降水量值来控制遮阴系统和挡雨系统的开启和关闭。

系统的控制柜连接有光合有效辐射感应探头和雨量器各1个，当降水量超过预设置值的时候，控制器发送信号给电机，电机启动，控制卷布杆转动使防雨布展开，防止降水进入试验小区；当降水量小于预设置的值时，电机再控制卷布杆转动使防雨布收拢。

遮阴系统由控制器连接的光感应探头感应自然环境中光合有效辐射值，光合有效辐射值预设为冬小麦的光饱和点值，即1 200μmol·m^{-2}·s^{-1}。当环境中的光合有效辐射值超过预设定值时，控制器发送信号给电机，控制卷网杆转动使遮阳网打开，而当环境中的光合有效辐射低于预设定的值时，控制器控制电机反向运行，使遮阳网收拢。

遮阴防雨试验棚结构如图2.1所示，图2.2展示的是遮阴和挡雨系统。

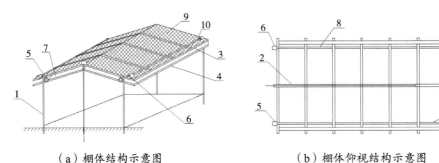

（a）棚体结构示意图　　　　　　（b）棚体仰视结构示意图

1. 立柱；2. 横梁；3. 上层骨架；4. 下层骨架；5. 电机组A；6. 电机组B；
7. 遮阳网；8. 卷网杆；9. 防雨布；10. 卷布杆。

图2.1　棚体的结构示意图及仰视结构示意图

（a）遮阴　　　　　　　　　　　　（b）挡雨

图2.2　自动控制遮阴和挡雨系统

2.2.3 测定项目与测定方法

2.2.3.1 田间小气候

田间小气候主要观测光合有效辐射、冠层温湿度。将8套线性光量子传感器和温湿度传感器分别固定在8个不同处理的田间1m高处的支架上，固定的支架由镀锌铁框组合而成，由螺丝钉固定在试验田中心位置。采用TBQ-5A线性光量子传感器自动记录光辐射变化，采用PTS-3环境温湿度传感器自动记录冠层温湿度的变化，采集器固定在支架一侧，用数据线将线性光量子传感器和温湿度传感器与采集器相连，每10min自动采集记录1次数据，每1周下载1次数据。

2.2.3.2 土壤含水率、土壤蒸发量和作物蒸腾量

（1）土壤含水率。每个试验小区都在小区中间位置安装一根中子仪导管，使用中子水分仪测定土壤含水率，每周测定1次。其中0～20cm土层的含水率采用取土烘干法测定，20cm以下土层含水率采用中子仪测定，测定层次分别为20～40cm、40～60cm、60～80cm、80～100cm。田间总耗水量（mm）=各相邻两次测定的土壤水分之差的总和（mm）+灌水量（mm）。

（2）土壤蒸发量。采用微型蒸渗仪测定试验田中心处的土壤蒸发量。每天8：00用精度为0.1g的电子天平测定微型蒸渗仪的总重，2d之间的差值即为土壤蒸发量。微型蒸渗仪由镀锌铁皮制成，包括内桶和外筒两部分。内桶直径10cm、高度10cm，无底；外筒直径11cm、高度10cm，有底。内桶取土后用塑料袋封堵底部，放入预埋在田间的外筒中，微型蒸渗仪中的土每隔2d更换一次。

（3）作物蒸腾量。采用间接法计算，作物蒸腾量（mm）=田间总耗水量（mm）-土壤蒸发量（mm）。

2.2.3.3 株高和叶面积指数

冬小麦自拔节期至收获期，连续观测各个生育期的株高和叶面积指数。每个生育期测定一次。在每个小区具有代表性的行选取10株进行测定。抽穗前的株高为地面至植株叶子伸直后最高叶尖的距离，抽穗后的株高为地面至

穗顶端的距离。叶面积=叶长×叶宽×0.78，然后结合群体密度计算冬小麦叶面积指数。

2.2.3.4 地上部干物质量

冬小麦自拔节期至收获期，连续观测各个生育期的地上部干物质。每个生育期测定一次。在每个小区具有代表性的行选取20株植株，平土面剪下地上部分，冲洗干净，先在烘箱内于105℃下杀青30min，然后在70℃下烘干至恒重。用精度为0.001的电子天平进行称重，然后结合群体密度计算地上部干物质总重。

2.2.3.5 地上部各器官干重及分配比例

冬小麦完全成熟后，在每个小区具有代表性的行选取20株植株，平土面剪下地上部分，仔细分解为茎、叶、穗几部分。先在烘箱内于105℃下杀青30min，然后在70℃下烘干至恒重。用精度为0.001的电子天平进行称重，计算各部分占总干重的比例。

2.2.3.6 冬小麦产量及产量构成

（1）冬小麦籽实产量。小麦完全成熟后，在每个小区选取具有代表性的$1m^2$样方进行收获并单独脱粒。籽粒经自然风干后称重，换算成单位面积产量（$kg \cdot hm^{-2}$）。

（2）产量构成。每个小区选取10株有代表性的植株进行室内考种，测定内容包括穗长、有效小穗数、无效小穗数、穗粒数、千粒重及干物质等指标。

2.2.3.7 水分利用效率及收获指数

（1）叶片水分利用效率（WUE_L）=叶片光合速率/叶片蒸腾速率。

（2）群体水分利用效率（WUE_C）=群体光合速率/群体蒸腾速率。

（3）水分利用效率（WUE）=小面积单元上的籽实产量/作物耗水量。

（4）收获系数=籽实产量/收获时的地上部干物质量。

2.2.3.8 光合系统参数测定

（1）叶片光合系统参数测定。叶片光合系统参数采用美国LI-COR公司生产的LI-6400XT便携式光合作用测量系统测定。从拔节期开始到灌浆后期结束，连续观测各个处理在不同生育期的光合系统参数，主要包括叶片光合速率（Pn）、叶片蒸腾速率（Tr）、气孔导度（Gs）、胞间CO_2浓度（Ci）、叶温等。测定选择在晴朗无云的天气进行，每隔2h测定1次，测定时间分别为7：00、9：00、11：00、13：00、15：00和17：00。

遮阴条件下的参数值为遮阴条件下各整点测量的各数值的平均值，而日参数值为全天各整点测定的各数值的平均值。

（2）群体光合参数测定。群体光合速率（CAT）和群体蒸腾速率（CAP）参照Niu等（2008，2009，2011）的同化箱法测定。试验采用美国LI-COR公司生产的LI-6400XT便携式光合作用测量系统，从拔节期到灌浆后期，在晴朗无云的天气，连续观测各处理在不同生育期的群体光合速率和群体蒸腾速率，每次测定每个处理设置3次重复，每隔2h测定1次，测定时间分别为7：00、9：00、11：00、13：00、15：00、17：00。

试验中所用的同化箱，是一个用聚酯薄膜（透光率95%）包裹的铁框架，其规格为长50cm、宽50cm、高80cm，内置2个直径20cm的小型风扇，用于在测定时混匀箱内气体和平衡箱内温度。测定时同化箱连接至LI-6400XT测定系统，然后放置在提前安装在测定位置、内有正常生长的冬小麦植株的底座上，底座尺寸与同化箱底部尺寸完好匹配。测定时，同化箱底部与底座间的缝隙用水密封。测定时间为1min，中间的时间间隔为5s。待箱内的CO_2浓度趋于稳定后，连续进行11次读数记录CO_2的变化值，可通过计算得出光照条件下CO_2的变化速率，计算方法如式（2-1）所示。之后，晃动同化箱使室内外的空气混匀，然后用完全不透明的布覆盖同化箱，待室内CO_2浓度趋于稳定后，记录CO_2的变化情况，并计算出黑暗条件下CO_2的变化速率（代表呼吸速率）。光照条件和黑暗条件下分别测定的CO_2变化速率的总和即为群体光合速率（$\mu mol \cdot m^{-2} \cdot s^{-1}$）。

光照条件下H_2O的变化速率用同样的方法测定，计算方法如式（2-2）所示。之后将同化箱罩在提前安装在测定位置、内部没有种植冬小麦的底座上，用相同的方法测出H_2O的变化速率（即土壤蒸发速率），二者的差值即为群体的蒸腾速率（$mmol \cdot m^{-2} \cdot s^{-1}$）。

$$CO_2变化速率=P \times 1\,000 \times K_C \times H/8.314 \times [\,273.15+$$
$$AVERAGE\,(\,T_n：\,T_{n+10}\,)\,] \qquad\qquad (2-1)$$

$$H_2O变化速率=P \times 1\,000 \times K_H \times H/8.314 \times [\,273.15+$$
$$AVERAGE\,(\,T_n：\,T_{n+10}\,)\,] \qquad\qquad (2-2)$$

式中，P代表大气压；H代表箱子高度；T表示箱内温度；K_C表示记录CO_2浓度的时间与CO_2浓度的回归斜率；K_H表示H_2O与记录H_2O的时间的回归斜率。

2.2.4 数据处理

试验数据采用Excel 2016处理，采用SPSS 22.0软件进行统计分析，采用Excel 2016和Sigmaplot 13进行作图，采用最小显著性差异法（LSD法）进行差异显著性检验。

遮阴因素处理在2015—2016年的结果与2016—2017年结果一致，因此，结果分析中仅呈现2016—2017年的研究结果。

3 冬小麦奢侈蒸腾的变化规律及其对水分亏缺的响应

蒸腾作用是水分从活的植物体表面（主要是叶片）以水蒸气状态散失到大气中的过程（Pallardy，2008；Sushil et al.，2017）。虽然蒸腾作用有保障植物体生理指标（Ayeneh et al.，2002），维持生存的基本生命体征正常，保持作物冠层微环境稳定的作用（Reddy et al.，2015），但也会从农田生态系统带走水分，引起水分大量丧失。有研究表明作物蒸腾能够消耗60%以上的土壤储水，然而其中仅有一小部分的水分可用于作物生长和新陈代谢，97%~99.5%的水分是通过蒸腾作用或吐水过程流失到植物体外。农作物大量蒸腾失水除对自身形态建成和保障作物产量有利外，一定程度上降低了农田土壤水的利用率，加大了水分短缺背景下农业灌溉的压力。在干旱地区及经常会发生季节性干旱的地区，抑制作物不必要的（过量的）蒸腾失水，实现生理节水，是提高灌溉水利用效率和农田水分利用效率的有效途径之一。

有研究认为，蒸腾作用和光合作用都可以很好地用抛物线模型模拟。叶片的光合速率和蒸腾速率随着光照强度的升高而升高，而当光合速率达到一定程度后就不再继续显著提高，但蒸腾还在持续显著增加，这部分显著增加的蒸腾称为无效蒸腾，亦可称之为"奢侈蒸腾"（Ji et al.，2017；王会肖和刘昌明，2003；杨文文，2006）。通过一定的农业措施减少这部分蒸腾损失，能够有效地减少农田生态系统的水分损失，提高农田水分利用效率。例如纪莎莎（2017）研究了西北旱区典型C3作物（大豆和葡萄）和C4作物（玉米），发现运用抗蒸腾剂可以减少奢侈蒸腾产生，并且量化了不同环境条件下奢侈蒸腾的可调控区间。研究发现对作物进行分根区交替灌溉能够显著减少奢侈蒸腾的产生，减少作物奢侈蒸腾对于减少农田水分丧失和提高作物生产力至关重要（Kang et al.，2017）。虽然前人做了许多关于奢侈蒸腾的研究工作，但在奢侈蒸腾发生规律的研究及量化表达方面，结果还十分有限。已经发表的文章报道了奢侈蒸腾的产生方式和计算途径，但是未能构建较为通用的计算模型对其进一步量化计算（王会肖和刘昌明，2003；杨文文，2006），这就使得"奢侈蒸腾"的研究仅仅停留在概念的层面，没有更为深入的研究。解释奢侈蒸腾产生条件，量化奢侈蒸腾量与产生规律，对于实现生理性节水，提高农田水分利用效率，实现农田作物高效用水，有效减少农田灌溉用水量意义重大。

华北平原是中国重要的冬小麦生产区域，该区域仅占中国农业种植面积的18.6%，但是却生产了中国50%的小麦和33%的玉米。由于该区域的冬小麦生长季（10月中旬到6月上旬）正处于降水相应较少的秋末、冬季和春季，生育期多年平均降水量仅为161mm（1951—2010年），约占多年平均年降水量的27.7%（河南新乡），远低于冬小麦生育期的水分需求量，因此在冬小麦生长季必须调用大量的地下或地表水资源进行农田灌溉，以补充田间水分，保证冬小麦生产的高产、稳产。但华北地区也是中国水资源最为短缺的区域之一，人均水资源多年平均量为335m³，为全国人均水资源量的15%。而随着区域城市和工业的快速发展，对农业用水的挤占不断加剧，区域农业用水量所占比例也在逐年下降，致使农业用水短缺现象越来越严重。因此，采取有效技术，显著降低该区域农业用水量，提升农田用水效率势在必行。在这样的大背景下，对该区域主要耗水作物冬小麦的蒸腾规律和用水过程进行研究，找出产生奢侈蒸腾条件，量化奢侈蒸腾量，对于该区域实现降低灌溉用水量，提高水分利用效率具有重大意义。

3.1　奢侈蒸腾量的计算方法

有研究指出，蒸腾作用和光合作用都可以很好地用抛物线模型模拟，且当光合速率不再显著增加时持续上升的蒸腾为奢侈蒸腾（Ji et al.，2017；王会肖和刘昌明，2003；杨文文，2006）。根据总结前人提出的奢侈蒸腾的产生方式及计算途径，首次提出了较为可靠的量化叶片奢侈蒸腾量的计算方法，按照以下步骤进行计算。

（1）整理测定的光合速率和蒸腾速率数据，每日的数据都以时间为变量进行抛物线拟合。

（2）在拟合的二次曲线上，实测光合速率逐小时滑动平均值不再显著增加的点对应的横坐标点定义为t_1点。

（3）在拟合的光合速率曲线上，找出t_1点以光合曲线对称轴为轴的对称点，其对应的横坐标点定义为t_2点。

（4）在拟合的蒸腾速率随时间变化的二次曲线上，分别找到对应于t_1和t_2的点，并分别标注为a和b，连接a和b的直线与蒸腾速率拟合线所围成的图形面积（图3.1中的阴影部分）进行积分，即为一天中奢侈蒸腾的总量。

以上几个步骤可以通过图3.1进行抽象表达。

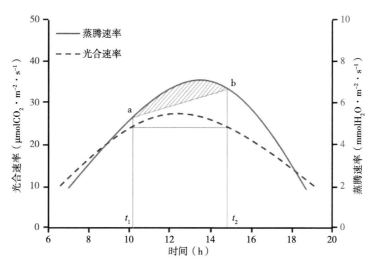

图3.1　奢侈蒸腾计算示意图

3.2　奢侈蒸腾的模拟与奢侈蒸腾量的计算

对2015—2016年和2016—2017年两个生长季冬小麦光合速率和蒸腾速率试验数据进行分析，结果表明，两个生长季各生育时期测定的叶片光合速率和蒸腾速率的日变化过程均能够很好地用二次曲线拟合，如图3.2、图3.3所示，各拟合曲线均达到了显著水平。两个冬小麦生长季12：00—14：00的光合速率和蒸腾速率拟合效果较差，主要原因可能是光合有效辐射达到光饱和点之后，温度较高，会存在气孔"午休"现象，伴随气孔开合引起同步光合速率和蒸腾速率的上下波动。同时可以看到，2015—2016年和2016—2017年不同生育期观测的光合速率和蒸腾速率的日变化过程均呈现基本相同的变化趋势。即从早上两个参数都较低开始，随着时间推进，光合速率和蒸腾速率均迅速升高，到达一定数值后，光合速率就基本保持不变，而蒸腾速率仍会持续上升，并在12：00—13：00达到峰值，之后二者均开始逐步下降。据此可以认为冬小麦在各个观测日期均存在奢侈蒸腾现象。其中，在2015—2016年，光合速率随着生育期的推进日平均值也逐步升高，并在2016年4月25日达到最大值18.43μmolCO$_2$·m^{-2}·s^{-1}，而后呈现逐渐降低的趋势。蒸腾速率与光合速率的变化趋势基本一致，但其达到最大值的时间略晚，即2016年5月3日达到最大值7.39mmolH$_2$O·m^{-2}·s^{-1}，而后也逐渐降低。在2016—2017年，光合速率呈现双峰曲线，随着生育期的推进同样逐渐升高，平均值在2017年4月12日就已经达到最大值，其平均值为18.45μmolCO$_2$·m^{-2}·s^{-1}，而后呈现降低的趋势，但是在2017年5月4日，再次达到了18.01μmolCO$_2$·m^{-2}·s^{-1}，而后又下降。蒸腾速率同样与光合速率变化趋势相似，蒸腾速率平均值在2017年4月12日达到一个峰值，其峰值为5.17mmolH$_2$O·m^{-2}·s^{-1}，而后逐渐降低，到2017年5月9日再次达到峰值为6.02mmolH$_2$O·m^{-2}·s^{-1}。出现这种不同的原因主要是在2015—2016年的4月7日对冬小麦进行了灌溉，正是在出现最大光合速率和蒸腾速率的前期。而在2016—2017年出现两次峰值也是因为在前期都由灌溉所致。

利用图3.1的计算方法对两个冬小麦生长季光合速率和蒸腾速率数据进行模拟分析，计算各观测时间的冬小麦奢侈蒸腾量，结果列于表3.1。2015—2016年生育季的数据显示，奢侈蒸腾在各个观测日期均存在，并于2016年4月19日和2016年5月12日出现两个峰值，分别为286.98g·m^{-2}和143.32g·m^{-2}。而在2016—2017年生育期，各个观测日期也均观测到了奢侈蒸腾的存在，并且在2017年4月27日和5月9日出现两个峰值，分别为177.01g·m^{-2}和476.83g·m^{-2}。2015—2016年生长季试验期间计算确定的奢侈蒸腾平均值为146.12g·m^{-2}，略高于2016—2017年生长季的平均值136.17g·m^{-2}。

通过两个生长季的研究发现，奢侈蒸腾在冬小麦拔节期之后普遍存在，验证了之前的研究结果（Kang et al.，2000）。通过对两个生长季冬小麦光合速率和蒸腾速率数据的模拟计算，可以看出随着生育期的推进，奢侈蒸腾量呈现出逐步增加的趋势，到灌浆期达到最大，之后再逐渐降低。另外，奢侈蒸腾量在一次灌水之后均会出现一个峰期，表明奢侈蒸腾过程对灌水引起的土壤含水量增加的反应较敏感。

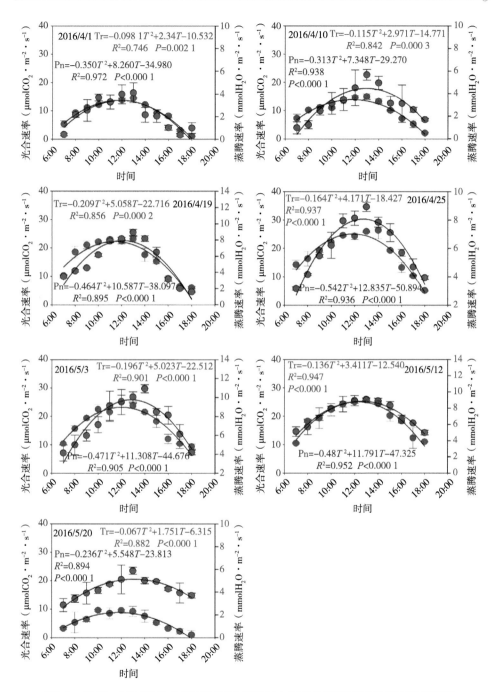

图3.2　2015—2016年生长季不同观测日期冬小麦光合速率和蒸腾速率的日变化

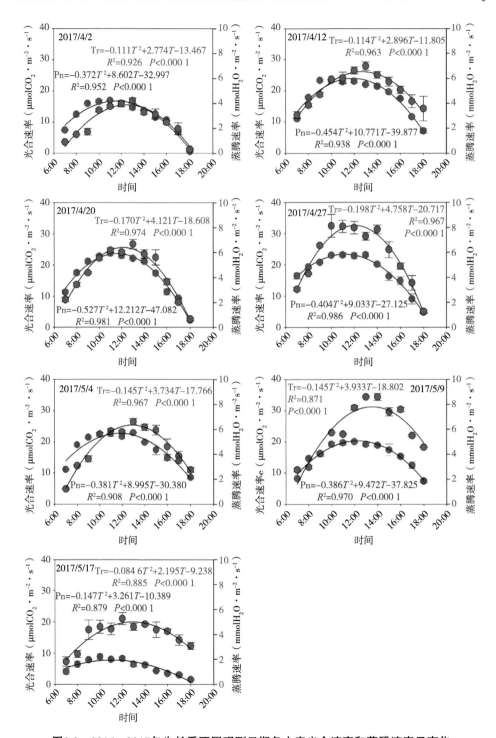

图3.3　2016—2017年生长季不同观测日期冬小麦光合速率和蒸腾速率日变化

表3.1 2015—2016年和2016—2017年冬小麦生长季光合速率拟合曲线、蒸腾速率拟合曲线以及奢侈蒸腾量的计算

时间 （年/月/日）	光合速率拟合曲线 （Pn）	开始时间(t_1)	结束时间(t_2)	蒸腾速率拟合曲线 （Tr）	奢侈蒸腾量 （$g \cdot m^{-2}$）
2016/4/1	Pn=$-0.35T^2+8.26T-34.98$	10.00	13.60	Tr=$-0.10T^2+2.34T-10.53$	49.36
2016/4/10	Pn=$-0.313T^2+7.35T-29.27$	9.00	14.48	Tr=$-0.12T^2+2.97T-14.77$	212.96
2016/4/19	Pn=$-0.46T^2+10.59T-38.10$	9.00	14.02	Tr=$-0.21T^2+5.06T-22.72$	286.98
2016/425	Pn=$-0.54T^2+12.84T-50.89$	10.00	13.78	Tr=$-0.16T^2+4.17T-18.43$	93.33
2016/5/3	Pn=$-0.47T^2+11.31T-44.68$	10.00	14.02	Tr=$-0.20T^2+5.02T-22.51$	140.02
2016/5/12	Pn=$-0.48T^2+11.79T-47.33$	10.00	14.56	Tr=$-0.14T^2+3.41T-12.54$	143.32
2016/5/20	Pn=$-0.24T^2+5.55T-23.81$	9.00	14.12	Tr=$-0.067T^2+1.75T-6.32$	96.88
2017/4/2	Pn=$-0.37T^2+8.60T-33.00$	10.00	13.12	Tr=$-0.11T^2+2.77T-13.47$	36.57
2017/4/12	Pn=$-0.45T^2+10.77T-39.88$	10.00	13.72	Tr=$-0.11T^2+2.90T-11.81$	63.62
2017/4/20	Pn=$-0.53T^2+12.21T-47.08$	10.00	13.17	Tr=$-0.17T^2+4.12T-18.61$	58.58
2017/4/27	Pn=$-0.40T^2+9.03T-27.13$	9.00	13.36	Tr=$-0.20T^2+4.76T-20.72$	177.01
2017/5/4	Pn=$-0.38T^2+9.00T-30.38$	10.00	13.61	Tr=$-0.14T^2+3.73T-17.77$	73.54
2017/5/9	Pn=$-0.39T^2+9.47T-37.83$	9.00	15.53	Tr=$-0.15T^2+3.93T-18.80$	476.83
2017/5/17	Pn=$-0.15T^2+3.26T-10.39$	9.00	13.18	Tr=$-0.08T^2+2.20T-9.24$	67.03

3.3 水分状况对冬小麦奢侈蒸腾量的影响

图3.4显示的是2016—2017年生长季不同水分处理下冬小麦奢侈蒸腾量的动态变化。可以看出，在两种水分处理条件下，随着冬小麦生育进行的推进，奢侈蒸腾量均表现出开始阶段逐渐上升，到灌浆期达到峰值，然后开始逐渐下降的趋势，且水分状况对冬小麦奢侈蒸腾量的影响极为显著（$P<0.001$），即高水处理条件下的冬小麦奢侈蒸腾量要显著高于低水处理下的值，高水处理的平均奢侈蒸腾量为258.87g $H_2O \cdot m^{-2}$，是低水处理的2.09倍。这说明冬小麦农田充分供水能够促进气孔开度增加，加速水分传

导，因此增加奢侈蒸腾的产生（Changhai et al.，2010），而低水处理降低了冬小麦农田水分有效供给程度，从而可以减少冬小麦叶片气孔开度（王会肖和刘昌明，2003），延缓了水分的运输，从而降低了奢侈蒸腾量。

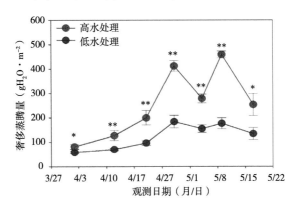

图3.4　不同水分处理对冬小麦奢侈蒸腾量的影响

3.4　奢侈蒸腾量与总蒸腾量的比例关系

图3.5表示的是不同水分处理条件下累积奢侈蒸腾量及其占蒸腾总量的比值。可以看出，高水处理条件下的奢侈蒸腾量要显著高于低水处理，两者的数值分别为11.61mm和5.56mm，分别占试验期间对应冬小麦蒸腾总量的6.75%和8.13%。虽然低水处理条件下因水分供应受限而使奢侈蒸腾量有所减小，但是奢侈蒸腾占蒸腾总量的比值却比高水处理条件下奢侈蒸腾所占比值有所提高。

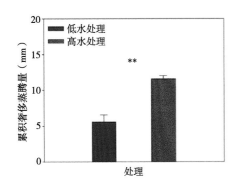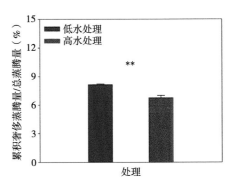

图3.5　不同水分处理条件下累积奢侈蒸腾量和累积奢侈蒸腾量/总蒸腾量的比值

3.5　小结

（1）对冬小麦实测的光合速率和蒸腾速率进行模拟，发现2015—2016年和2016—2017年两个冬小麦生长季中，几个观测日期实测的叶片水平光合速率和蒸腾速率日变化数据均能够使用二次曲线进行拟合，并且各拟合结果均达到了显著水平。冬小麦在拔节期之后均存在奢侈蒸腾的现象，通过计算第一次在我国华北平原冬小麦农田量化了奢侈蒸腾。

（2）分析发现试验期间冬小麦奢侈蒸腾量随着生育期的推进而增加，到灌浆期以后减小，且奢侈蒸腾量对水分变化较敏感，随着水分的增加而增加。

（3）不同水分处理对奢侈蒸腾量的影响存在显著差异，并且高水处理下奢侈蒸腾量要显著高于低水处理，为2.09倍。研究得出在2016—2017年试验期间高水处理的冬小麦累积奢侈蒸腾量为11.61mm，而低水处理的冬小麦累积奢侈蒸腾量为5.56mm，分别占试验期间冬小麦蒸腾总量的6.75%和8.13%。

4 遮阴程度和水分状况对冬小麦叶片光合、蒸腾的影响

光照和水分是植物生长发育过程中最为重要的环境因子，它们直接影响植物的光合过程和蒸腾过程。本章采用遮阴和控制灌水量的方式来改变冬小麦生长的光照和水分条件，通过测定不同遮阴程度和水分供给条件下冬小麦各生育期内叶片的光合速率、蒸腾速率、气孔导度等参数，研究冬小麦气孔导度、光合特征、蒸腾过程的变化趋势及其相互关系，探索可以调控减少奢侈蒸腾的有效途径和措施。

4.1 不同遮阴程度下的冠层光合有效辐射

光照条件是影响植物生长发育、形态建成的重要环境因子，光照条件的改变可以明显地改变植物的生长环境，进而影响作物一系列生理过程，最终影响作物的产量和品质。图4.1是试验期间不同遮阴处理条件下实测的光合有效辐射值（PAR）。可以看出，遮阴能够明显改变冠层的光照条件，随

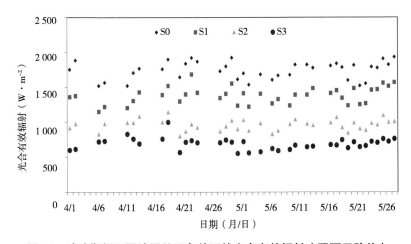

图4.1 试验期间不同遮阴处理条件下的光合有效辐射（阴雨天除外）

着遮阴程度的增加，光合有效辐射表现为逐渐降低的趋势。相比自然光照，S1、S2和S3处理下光合有效辐射的平均值依次降低了20.68%、45.14%、58.60%。

4.2 对冠层温度和湿度的影响

图4.2和图4.3分别表示的是不同遮阴程度和水分供给条件下冬小麦冠层温度（CT）和冠层空气湿度（CH）的日变化过程。可以看出，在两个水分条件下，冠层温度都表现为上午快速升高，然后增加变缓，在15：00左右达到峰值后逐步降低的趋势。相比自然光照，遮阴处理均降低了冬小麦冠层温度。以11：00为例，在高水处理条件下，相比S0处理，S1、S2和S3处理的冠层温度依次降低了0.72℃、1.22℃和1.48℃。在低水处理条件下，S1、S2和S3处理的冠层温度依次降低了0.17℃、0.52℃和0.88℃，这就表明，低水分处理下遮阴的降温效果没有在高水处理下显著。

在两个水分条件下，冠层空气湿度表现为先快速降低，在15：00左右达到最低值后再缓慢升高的趋势。遮阴条件下的冠层空气湿度相比未遮阴条件下均有所提高。以11：00为例，高水处理条件下，S1、S2、S3处理的冠层空气湿度依次提高了1.18%、1.9%和2.13%，低水处理条件下则分别提高了0.70%、2.00%和3.93%。

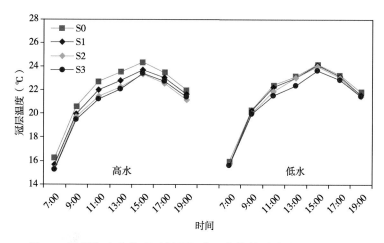

图4.2 遮阴和水分处理对冠层温度日变化的影响（2017/4/20）

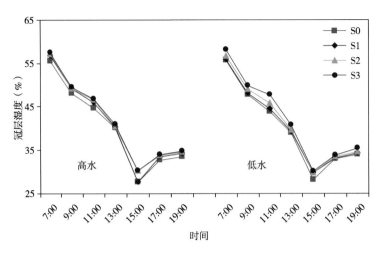

图4.3　遮阴和水分处理对冠层空气湿度日变化的影响（2017/4/20）

4.3　对叶片光合速率的影响

4.3.1　对叶片光合速率日变化过程的影响

图4.4表示的是不同遮阴和水分处理条件下不同生育期光合速率（Pn）的日变化。可以看出，在高水处理条件下，光合速率的日变化表现为先上升后下降的单峰曲线，其变化趋势与光照强度和温度的变化密切相关。上午的温度逐渐升高以及充足的光照适宜光合作用的进行，到中午达到一个峰值，之后随着光照强度的降低，光合速率下降。在低水处理条件下，灌浆前期之前，光合速率的日变化也呈现先上升后下降的单峰曲线，但在灌浆中后期光合速率呈现双峰曲线。这可能是因为中午土壤含水量低、空气温度高、湿度低等导致气孔关闭而出现的"午休"现象。而遮阴能够缓解午间气孔关闭的现象，使光合速率有所上升，只是随着遮阴程度不同上升幅度有所差异。在未遮阴条件下，高水各处理间的光合速率差异较小，而低水各处理在开花期之前差异较小，但开花期之后S2、S3处理的光合速率明显高于S0处理。在遮阴条件下，不同程度的遮阴均会降低光合速率，但降低的幅度有所不同。

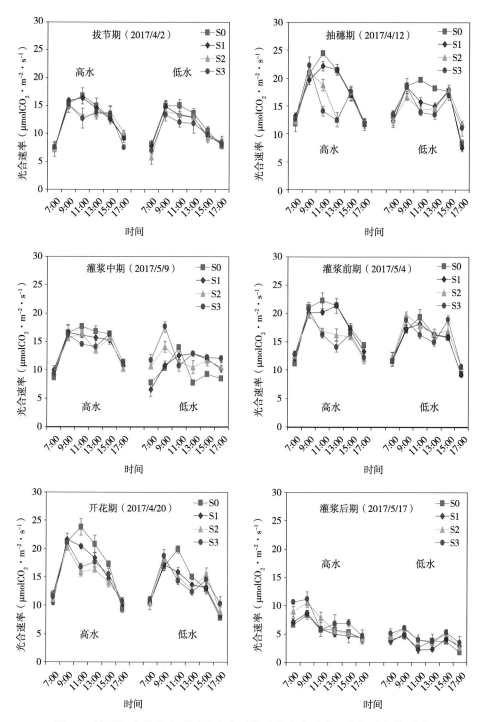

图4.4　遮阴和水分处理对不同生育时期叶片光合速率日变化过程的影响

4.3.2 对遮阴条件下叶片光合速率的影响

表4.1表示的是遮阴程度和水分状况对不同观测日期遮阴条件下光合速率的影响。可以看出，相比高水处理，低水处理下的光合速率显著降低。这主要是因为光照和水分是光合作用主要的环境条件，在光照条件相同的情况下，光合速率随着水分的降低而降低。在高水处理条件下，光合速率随着遮阴程度的降低而降低，且下降幅度随着遮阴程度的增加而增加。其中，相比S0处理，S1处理的下降幅度较小，整体上与S0处理差异不大，S2和S3处理的下降幅度明显高于S1处理，但与S2处理相比，S3处理进一步下降幅度较小。以4月20日为例，相比S0处理，S1处理下降了9.93%，而S2与S3处理分别降低了23.75%、25.59%。在低水处理条件下，光合速率的下降幅度随着遮阴程度的增加而增加，相比S0处理，S1、S2、S3处理依次降低了7.17%、12.85%、16.52%。4月20日之前各处理间的差异较显著，随着生育期的进一步推进，各处理间的差异逐渐缩小。对不同遮阴和水分处理条件下全时期遮阴条件下平均光合速率进行方差分析（图4.5），结果表明遮阴程度和水分状况对光合速率的影响均达到了显著水平。相同遮阴条件下，高水处理的光合速率显著高于低水。在高水处理条件下，随着遮阴程度的增加，光合速率表现为逐渐降低的趋势。相比S0处理，S1处理的光合速率虽然有下降趋势，但差异统计学上表现不显著，但S2和S3处理能显著降低光合速率，分别达到了22.47%、28.07%。在低水处理条件下，相比S0处理，S1、S2和S3处理的光合速率均显著降低，分别降低了7.19%、7.92%和10.21%。这就表明，在水分充足的条件下，适当的遮阴不会显著降低光合速率，但是过度的遮阴会使两种水分条件下的光合速率降低，进而影响作物的生长发育。

表4.1　遮阴和水分处理对遮阴条件下叶片光合速率的影响（$\mu mol CO_2 \cdot m^{-2} \cdot s^{-1}$）

水分处理	遮阴处理	观测日期（月/日）					
		4/2	4/12	4/20	5/4	5/9	5/17
高水	S0	15.78a	22.87a	21.51a	21.28a	18.88a	5.71b
	S1	15.41a	21.80a	19.37b	20.74a	18.72a	6.15ab

（续表）

水分处理	遮阴处理	观测日期（月/日）					
		4/2	4/12	4/20	5/4	5/9	5/17
高水	S2	12.29d	15.61c	16.10cd	16.60bc	14.86b	6.72a
	S3	10.50e	13.21e	16.91c	15.14d	14.24b	6.27ab
	平均值	13.49	18.37	18.47	18.44	16.67	6.21
低水	S0	14.31b	18.22b	15.89d	17.74b	10.81c	2.55d
	S1	13.41c	15.27d	14.75e	17.18bc	11.01c	2.19d
	S2	13.32c	14.36cde	13.85f	17.08bc	10.87c	3.74c
	S3	12.94cd	13.57de	13.26f	16.04cd	11.76c	3.83c
	平均值	13.50	15.36	14.44	17.01	11.11	3.08

注：同列不同字母表示在$P<0.05$水平上差异显著，$n=3$，下同。

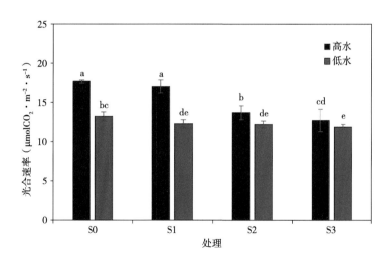

图4.5　遮阴和水分处理对全时期遮阴条件下平均叶片光合速率的影响

注：图中不同字母表示在$P<0.05$水平上差异显著，下同。

4.3.3　对叶片日光合速率的影响

表4.2呈现的是遮阴程度和水分状况对不同观测日期日光合速率的影响。可以看出，相同遮阴条件下，低水处理条件下的日光合速率较高水显著

降低。在高水处理条件下，遮阴能够降低日光合速率，但变化幅度随着遮阴程度的不同有所差异。相比S0处理，S1处理降低的幅度较小，但S2、S3处理明显高于S1处理。以4月20日为例，S1处理的日光合速率下降了7.93%，S2、S3处理分别下降了11.38%，12.79%。到5月17日，S2、S3处理的日光合速率明显高于S0处理，这主要是因为遮阴推迟了生育期，导致冬小麦贪青晚熟。在低水处理条件下，随着遮阴程度的增加不同处理间的变化幅度较小。在4月20日之前，S0处理的日光合速率明显高于其他各处理，随着生育期的推进，各处理间的差异逐渐缩小，到5月4日之后，S2、S3处理的日光合速率明显高于S0处理。图4.6表示的是不同遮阴和水分处理条件下全时期平均日光合速率的差异性分析。结果表明，在高水处理条件下，相比S0处理，S1处理的日光合速率虽然有下降的趋势，但统计学上差异不显著，而S2、S3处理显著降低日光合速率，分别达到了10.03%、11.15%。在低水处理条件下，相比S0处理，其他各处理均不会显著降低日光合速率，这就表明遮阴能够补偿水分亏缺对日光合速率造成的影响。

表4.2 遮阴和水分处理对叶片日光合速率的影响（$\mu molCO_2 \cdot m^{-2} \cdot s^{-1}$）

水分处理	遮阴处理	观测日期（月/日）					
		5/9	5/17	4/20	5/4	5/9	5/17
高水	S0	12.71a	17.79a	17.32a	17.89a	15.49a	5.96b
	S1	12.28ab	17.60a	15.95b	17.33a	14.77a	5.92b
	S2	11.79b	16.02b	15.05b	15.53b	13.44b	6.83ab
	S3	11.10c	15.42bc	15.51b	15.37bc	13.56b	7.62a
	平均值	11.97	16.71	15.96	16.53	14.32	6.58
低水	S0	11.60bc	16.14b	13.79c	15.08c	9.75d	3.40d
	S1	11.04c	14.42c	13.03c	14.99c	10.78c	3.33d
	S2	11.29c	14.55c	13.44c	14.86c	11.24c	4.25cd
	S3	11.00c	14.46c	13.47c	14.93c	12.80b	4.60c
	平均值	11.23	14.89	13.43	14.97	11.14	3.90

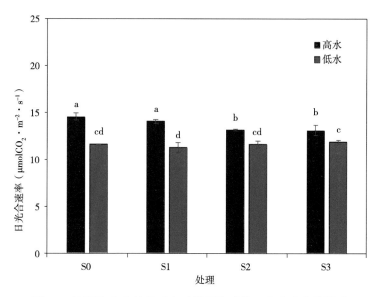

图4.6　遮阴和水分处理对全时期平均叶片日光合速率的影响

4.4　对叶片蒸腾速率的影响

4.4.1　对叶片蒸腾速率日变化过程的影响

图4.7表示的是几个典型生育时期内不同遮阴和水分条件下蒸腾速率（Tr）的日变化。可以看出，在水分充足条件下，蒸腾速率的日变化为单峰曲线，表现为先上升后下降的趋势。蒸腾速率的大小与土壤含水量密切相关，因此，低水处理条件下的蒸腾速率明显低于高水处理。在低水处理条件下，到灌浆中后期蒸腾速率呈现双峰曲线，这可能主要是土壤含水量低且温度高而引起的气孔关闭所致，而适度遮阴能够缓解午间由气孔关闭引起的蒸腾速率下降。在遮阴条件下，不同程度的遮阴均能降低蒸腾速率，但降低的幅度有所不同。在高水处理条件下，相比S0处理，S1、S2和S3这3种遮阴处理的蒸腾速率均明显降低。在低水处理条件下，相比S0处理，S1处理的蒸腾速率下降幅度较大，而S2和S3处理的下降幅度较小。

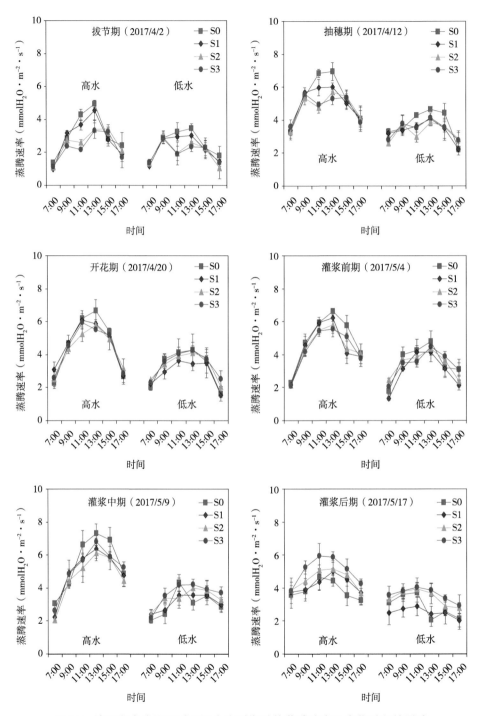

图4.7　遮阴和水分处理对不同生育时期叶片蒸腾速率日变化过程的影响

4.4.2 对遮阴条件下叶片蒸腾速率的影响

遮阴程度和水分状况对不同观测日期遮阴条件下蒸腾速率的影响如表4.3所示。可以看出，蒸腾速率的大小随着水分的变化而变化，相比高水处理，低水处理条件下的蒸腾速率显著降低。在高水处理条件下，在5月9日之前，相比S0处理，其他处理在遮阴后均能够显著降低蒸腾速率，但降低幅度随着处理的不同表现出差异。在5月17日，S2、S3处理的蒸腾速率明显高于S0处理，这主要是因为遮阴推迟了生育期，导致冬小麦贪青晚熟。在低水处理条件下，各处理的蒸腾速率在4月20日之前差异显著，相比S0处理，其他处理均降低蒸腾速率。但4月20日之后，各处理间差异逐渐缩小，且S2、S3处理明显高于S0处理，这可能与遮阴减少水分消耗，S2、S3处理在后期有较高土壤含水量有关。遮阴和水分对全时期遮阴条件下平均蒸腾速率的影响如图4.8所示。结果表明，在高水处理条件下，相比S0处理，S1、S2和S3处理均显著降低蒸腾速率，分别达到了8.80%、14.91%、13.73%，且相比S2处理，S3处理的下降幅度略低。在低水处理条件下，相比S0处理，S1处理的蒸腾速率显著降低，达到了11.94%，而S2、S3处理无显著差异。这就说明，在水分充足的条件下，超过光饱和点之后遮阴会显著降低蒸腾速率，但是过度的遮阴对低水条件下的蒸腾速率影响较小。

表4.3　遮阴和水分处理对遮阴条件下叶片蒸腾速率的影响（$mmolH_2O \cdot m^{-2} \cdot s^{-1}$）

水分处理	遮阴处理	观测日期（月/日）					
		4/2	4/12	4/20	5/4	5/9	5/17
高水	S0	3.76a	6.69a	6.43a	6.91a	7.12a	4.87b
	S1	3.31b	5.84b	5.73b	6.37b	6.09b	4.89b
	S2	2.96b	4.88c	5.61b	5.80c	5.66b	5.61ab
	S3	2.70d	5.11c	5.73b	5.58cd	6.24b	5.89a
	平均值	3.18	5.63	5.87	6.16	6.28	5.32
低水	S0	3.30b	4.61c	4.17cd	5.33cd	3.70c	3.34d
	S1	2.73cd	3.57d	3.55d	5.11d	3.57c	2.60d
	S2	3.21b	3.25d	3.67cd	5.48cd	3.67c	3.39cd
	S3	3.13bc	3.83d	4.28c	5.37cd	4.19c	3.99cd
	平均值	3.09	3.82	3.92	5.32	3.78	3.35

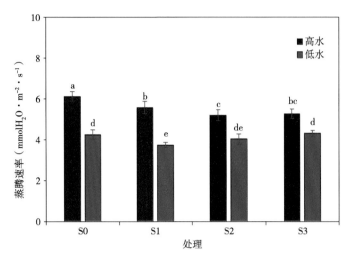

图4.8 遮阴和水分处理对全时期遮阴条件下平均叶片蒸腾速率的影响

4.4.3　对叶片日蒸腾速率的影响

　　表4.4呈现的是遮阴程度和水分状况对不同观测日期日蒸腾速率的影响。可以看出，日蒸腾速率的大小与土壤含水量密切相关，相比高水处理，低水处理条件下的日蒸腾速率显著降低。在高水处理条件下，S1、S2、S3处理的日蒸腾速率除5月17日高于S0处理外，其他各个观测日期均低于S0处理，且降低幅度因遮阴程度不同表现出差异。以4月20日为例，相比S0处理，S1、S2、S3处理的日蒸腾速率分别降低了2.75%、8.17%、4.60%。在低水处理条件下，4月20日之前遮阴明显降低了日蒸腾速率，相比S0处理，S2、S3处理的降低幅度较小，而S1处理的降低幅度较大。到4月20日之后，S2、S3处理的日蒸腾速率明显高于S0处理。遮阴程度和水分状况对全时期的平均日蒸腾速率的影响如图4.9所示。结果表明，遮阴程度和水分状况对日蒸腾速率的影响达到了显著水平。在高水处理条件下，相比S0处理，S1、S2、S3处理分别显著降低了3.82%、7.34%、4.71%。相比S2处理，S3处理的下降幅度有所减少。在低水处理条件下，S1处理的日蒸腾速率相比S0处理有所降低，但二者间无显著差异。S2、S3处理能显著增加日蒸腾速率，分别增加了4.88%、11.18%。这就说明低水处理条件下遮阴对日蒸腾速率的抑制效果不如高水处理明显。

表4.4　遮阴和水分处理对叶片日蒸腾速率的影响（$mmolH_2O \cdot m^{-2} \cdot s^{-1}$）

水分处理	遮阴处理	观测日期（月/日）					
		4/2	4/12	4/20	5/4	5/9	5/17
高水	S0	2.82a	5.06a	4.64a	4.72a	5.49a	4.49c
	S1	2.61b	4.96b	4.52b	4.64a	4.99b	4.68b
	S2	2.53b	4.65c	4.26c	4.39b	4.93b	4.81b
	S3	2.33c	4.87b	4.43b	4.48b	5.43a	5.21a
	平均值	2.57	4.88	4.46	4.77	5.21	4.78
低水	S0	2.28c	3.81d	3.22e	3.51c	3.22e	2.90f
	S1	2.01d	3.34f	2.89f	3.56c	3.37e	2.87f
	S2	2.36c	3.48e	3.31e	4.16c	3.71d	3.45e
	S3	2.37c	3.82d	3.57d	4.20c	4.08c	3.93d
	平均值	2.25	3.61	3.25	4.15	3.60	3.29

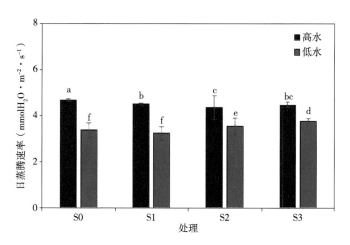

图4.9　遮阴和水分处理对全时期平均叶片日蒸腾速率的影响

4.5　对气孔导度的影响

4.5.1　对气孔导度日变化过程的影响

图4.10表示的是不同遮阴程度和水分供应条件下几个典型生育时期气孔

导度（Gs）的日变化。气孔是CO_2和水汽交换的通道，气孔的行为同时控制叶片的光合过程和蒸腾过程。可以看出，气孔导度随着水分的降低而降低，高水处理的气孔导度明显高于低水处理。在高水处理条件下，气孔导度的日变化趋势呈单峰，且随着生育期的推移，峰值出现的时间提前。在低水处理条件下，灌浆中后期的气孔导度日变化呈双峰曲线，这主要是由于水分不足、午间温度高、湿度低等引起的气孔关闭。而适度的遮阴能够缓解中午高温引起的气孔关闭，打破植物的"午休"现象。在遮阴条件下，高水处理的气孔导度随着遮阴程度的增加而降低，且下降幅度随着遮阴程度的增加而增加。而低水处理的气孔导度随着遮阴程度的增加没有表现出一定的规律性。

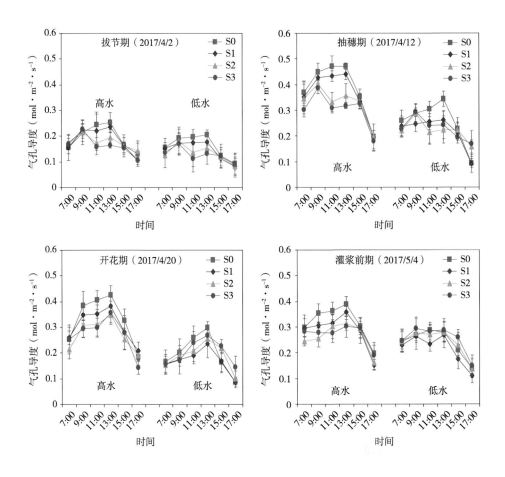

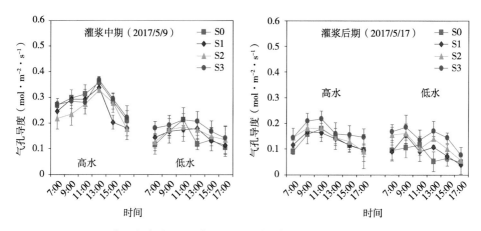

图4.10 遮阴和水分处理对不同生育时期气孔导度日变化过程的影响

4.5.2 对遮阴条件下气孔导度的影响

表4.5反映的是遮阴程度和水分状况对不同观测日期遮阴条件下气孔导度的影响。可以看出，在高水处理条件下，相比S0处理，遮阴条件下各个处理的气孔导度均降低，且不同处理间存在显著差异。其中，S0处理与S1处理之间的差异较小，但S2和S3处理的气孔导度明显低于S0处理。以4月20日为例，与S0处理相比，S1处理降低了7.19%，而S2和S3处理依次降低了13.17%、14.82%。低水处理条件的气孔导度在各个观测日期均低于高水处理。相比S0处理，低水处理条件下S2、S3处理的气孔导度在4月20日之前低于S0处理，之后明显高于S0处理。对全时期遮阴条件下的平均气孔导度进行方差分析（图4.11），结果表明，在高水处理条件下，遮阴处理的气孔导度均显著低于未遮阴，但降低幅度随着遮阴程度的不同有所差异。相比S0处理，S1、S2、S3处理分别降低了7.83%、16.53%、15.01%。在低水处理条件下，相比S0处理，S1、S2处理降低了气孔导度，分别达到了6.04%、5.62%，而S3处理的气孔导度高于S0处理，达到了8.01%。气孔导度增加的原因可能与遮阴后环境因子的改变有关，例如叶温降低、水汽压差降低等，打破了低水条件下植物的"午休"现象，有利于气孔的开放。除此之外，遮阴后水分消耗减少，使遮阴条件下的土壤含水量高于自然光照条件，这也可能是气孔导度增加的原因之一。

表4.5　遮阴和水分处理对遮阴条件下气孔导度的影响（mol·m⁻²·s⁻¹）

水分处理	遮阴处理	观测日期（月/日）					
		4/2	4/12	4/20	5/4	5/9	5/17
高水	S0	0.20a	0.44a	0.36a	0.29a	0.36a	0.09b
	S1	0.19a	0.37b	0.34b	0.28a	0.27b	0.13ab
	S2	0.16b	0.33c	0.32c	0.25cd	0.24c	0.14ab
	S3	0.15b	0.32c	0.31c	0.25d	0.26b	0.17ab
	平均值	0.18	0.36	0.33	0.26	0.28	0.13
低水	S0	0.19a	0.23d	0.19d	0.20e	0.13ef	0.07b
	S1	0.16b	0.16f	0.18d	0.26bc	0.13f	0.05c
	S2	0.16b	0.16f	0.16e	0.24d	0.14e	0.08b
	S3	0.11c	0.19e	0.20d	0.27b	0.22d	0.10b
	平均值	0.16	0.19	0.18	0.24	0.15	0.08

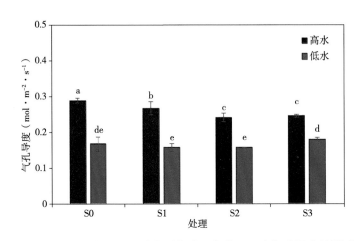

图4.11　遮阴和水分处理对全时期遮阴条件下平均气孔导度的影响

4.6　光合速率、蒸腾速率及气孔导度之间的相互关系

4.6.1　光合速率、蒸腾速率及气孔导度之间的相关性

　　图4.12表示的是冬小麦生长期间实测光合速率、蒸腾速率及气孔导度之

间的相关性。可以看出，光合速率与气孔导度呈非线性关系，随着气孔导度的增大，光合速率先持续上升，当气孔导度到达一定数值后，随着气孔导度的上升，光合速率基本保持不变。而蒸腾速率与气孔导度呈线性关系，蒸腾速率随着气孔导度的增加呈直线上升的趋势。光合速率和蒸腾速率呈非线性关系，光合速率随蒸腾速率的上升先迅速上升，然后缓慢上升，当上升到一定程度后，光合速率不再随着蒸腾速率的增加而增加。

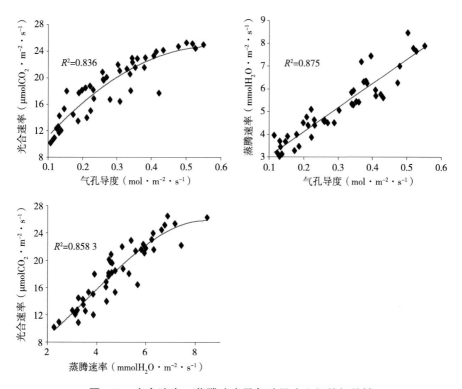

图4.12　光合速率、蒸腾速率及气孔导度之间的相关性

4.6.2　不同水分条件下光合速率、蒸腾速率及气孔导度随遮阴率的变化

　　图4.13呈现的是不同水分供给条件下光合速率、蒸腾速率及气孔导度随遮阴率的变化关系。可以看出，在高水处理条件下，遮阴能够明显降低气孔导度。而在低水处理条件下，随着遮阴程度的增加，气孔导度表现为先下降后上升的趋势。在两种水分处理条件下，蒸腾速率的变化趋势与气孔导度基

本一致，而光合速率的变化趋势与气孔导度的变化趋势有所差异，尤其在S3处理条件下，光合速率对气孔导度的变化表现得并不敏感。在所有水分处理条件下，相比S0处理，S1处理光合速率的下降幅度小于蒸腾速率，但S2和S3处理光合速率的下降幅度大于蒸腾速率。甚至在低水处理条件下，S3处理出现光合速率下降，但蒸腾速率上升的现象。这可能是因为在S3处理条件下的光合有效辐射较低，光合速率显著降低，而气孔导度的增大又在一定程度上弥补了过分遮阴减少的蒸腾速率，使蒸腾速率仍然增加。

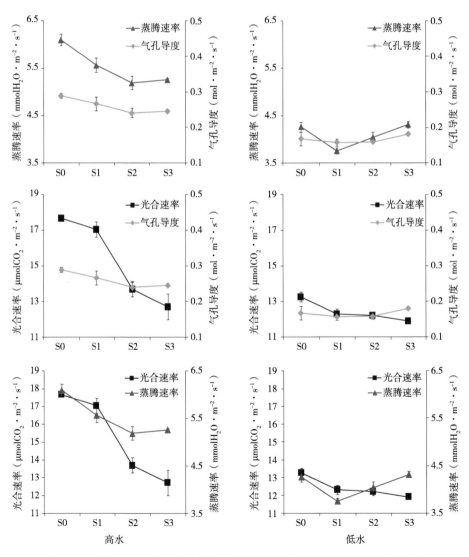

图4.13　不同水分条件下光合速率、蒸腾速率及气孔导度随遮阴率的变化

4.6.3 不同遮阴条件下光合速率与气孔导度的回归分析

为了进一步探讨不同遮阴程度下光合速率和气孔导度的关系，对不同遮阴条件下的光合速率与气孔导度进行了线性回归分析（图4.14）。分析结果发现，在所有水分处理条件下，光合速率和气孔导度在S0、S1、S2处理条件下均呈现显著的正相关关系（$P<0.05$），也就是说，在一定的遮阴条件下，光合速率的改变是由气孔导度的改变引起的。但在S3处理条件下，气孔导度对光合速率的影响并未达到显著水平，二者之间没有显著相关性。这就说明，在较低的遮阴条件下，光合速率的变化主要取决于气孔导度的变化，而在较高的遮阴条件下，光合速率的降低并不取决于气孔导度的降低。

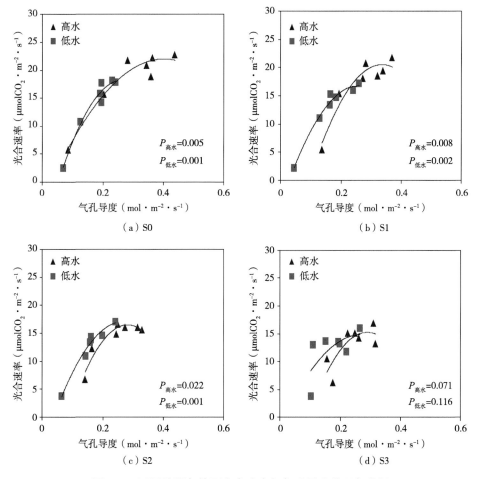

图4.14 不同遮阴条件下光合速率与气孔导度的回归分析

4.7 对叶温的影响

叶温（T_L）是绿色植物一项重要的生理指标，它能影响叶片的光合和蒸腾作用以及叶片的一些重要生理代谢过程，进而影响作物的产量。因此，研究遮阴条件下叶片的温度变化具有重要意义。图4.15表示的是在不同生育期内遮阴和水分处理对叶温的影响。结果表明，低水处理条件下的叶温明显高于高水处理，这可能是因为当土壤含水量较低时，气孔阻力较大，叶片无法通过蒸腾作用消耗大量热量，使降温效果不明显。还可以看出，遮阴能够明显降低叶片温度，且随着遮阴程度的增加下降幅度逐渐增大。图4.16表示的是遮阴和水分对全时期平均叶温的差异性分析。结果表明，遮阴和水分对叶温的影响达到了显著水平。在相同遮阴处理条件下，高水处理的叶温显著低于低水处理。在高水处理条件，相比S0处理，S1、S2和S3处理的叶温显著降低，依次下降了3.16%、4.84%、5.51%，但S2和S3处理之间无显著差异。在低水处理条件下，相比S0处理，S1、S2和S3处理的叶面温度显著降低了2.24%、4.83%和6.02%。

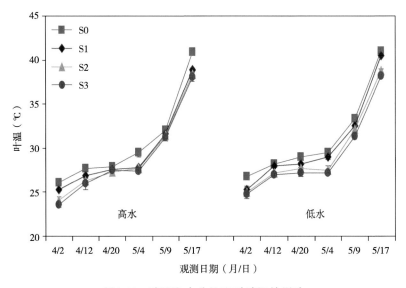

图4.15　遮阴和水分处理对叶温的影响

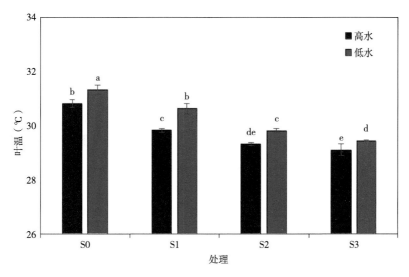

图4.16　遮阴和水分处理对全时期平均叶温的影响

4.8　对胞间CO_2浓度的影响

图4.17反映的是不同遮阴和水分处理对冬小麦不同生育期内胞间CO_2浓度（Ci）的影响。可以看出，胞间CO_2浓度随着土壤水分的降低而显著降低，表现为高水>低水。在两种水分处理条件下，胞间CO_2浓度随着遮阴程度的增加而逐渐增加，表现为S3>S2>S1>S0。主要原因可能是遮阴降低到达叶片表面的光合有效辐射，使叶温降低，改变了叶片的正常生理活性，例如光合速率降低、气孔导度降低等，这就使叶片内外的CO_2不能平衡交换，最终导致胞间CO_2浓度的大量累积。遮阴和水分处理对全时期的平均胞间CO_2浓度的影响如图4.18所示。研究结果表明，在所有的组合处理中，遮阴条件下的胞间CO_2浓度均显著高于未遮阴，只是增加幅度因处理不同表现出差异性。在高水处理条件下，相比S0处理，S1、S2和S3处理的胞间CO_2浓度显著增高，依次上升了1.93%、7.34%和12.76%。在低水处理条件下，相比S0处理，S1、S2和S3处理依次上升了2.80%、8.41%和22.21%。这就表明，在相同遮阴条件下，低水处理条件下胞间CO_2浓度的上升幅度明显高于高水处理。

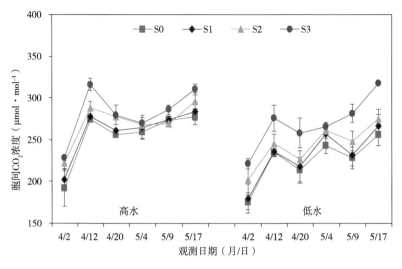

图4.17 遮阴和水分处理对胞间CO_2浓度的影响

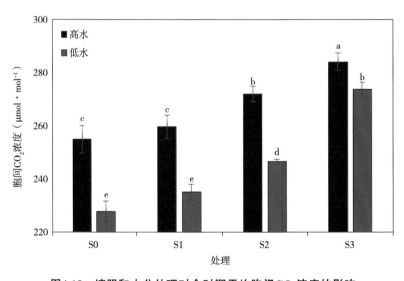

图4.18 遮阴和水分处理对全时期平均胞间CO_2浓度的影响

4.9 遮阴条件下光合速率与其他光合参数的相关关系

表4.6表示的是遮阴条件下冬小麦光合速率与其他光合参数之间的相关关系。可以看出，在两种水分处理条件下，自然光照条件下的Pn与PAR、

Tr、Gs、T_L及Ci均呈显著正相关关系（$P<0.01$）。S1处理条件下各参数间的相关关系与S0处理下各参数间的相互关系基本一致。在S2处理条件下，随着水分的降低Pn与Tr的相关性逐渐降低。还可以看出，S0、S1、S2处理条件下Gs是影响Pn的主要因素。在S3处理条件下，Gs、Tr与Pn的相关关系不显著，但PAR、T_L、Ci与Pn的相关关系显著，说明气孔导度的改变不再是影响光合作用下降的主要原因，可能是因为随着光合有效辐射的降低，叶片温度降低，改变了叶片正常的生理活性，导致胞间CO_2浓度大量积累，CO_2供应不畅，最终阻碍了光合作用的进行。

表4.6　遮阴条件下冬小麦光合速率与其他光合参数的相关系数

		Tr	Gs	T_L	Ci	PAR
高水	S0	0.797**	0.777**	0.735**	−0.776**	0.816**
	S1	0.756**	0.723**	0.703**	−0.734**	0.806**
	S2	0.677*	0.681*	0.723**	−0.649*	0.802**
	S3	0.488	0.512	0.653*	−0.702**	0.683*
低水	S0	0.783**	0.769**	0.716**	−0.726**	0.786**
	S1	0.696**	0.709**	0.707**	−0.701**	0.771**
	S2	0.604	0.669*	0.665*	−0.629*	0.760**
	S3	0.312	0.452	0.672*	−0.659*	0.662*

注：*代表$P<0.05$，**代表$P<0.01$。

4.10　对叶片水分利用效率的影响

4.10.1　对遮阴条件下叶片水分利用效率的影响

表4.7表示的是不同遮阴程度和水分状况对不同观测日期叶片水分利用效率（WUE_L）的影响分析结果。结果表明，在高水处理条件下，叶片水分利用效率随着遮阴程度的增加表现为先上升后下降的趋势。相比S0处理，S1处理的叶片水分利用效率一直高于S0处理，但S2、S3处理显著低于S0处理。以4月20日为例，相比S0处理，S1处理能够提高叶片水分利用效率，达到了0.83%，而S2、S3处理降低叶片水分利用效率，分别达到了14.33%、

11.92%。在低水处理条件下，随着遮阴程度的增加，各处理在不同生育期内的变化趋势并不表现出一定的规律性。但相比S0处理，整体表现为S1处理的叶片水分利用效率较高，而S2、S3处理较低。对不同遮阴程度和水分状况条件下平均叶片水分利用效率进行差异性分析（图4.19），结果表明，不同处理间存在显著差异。在高水处理条件下，相比S0处理，S1处理的叶片水分利用效率增加了1.88%，但与S0处理相比无显著差异。S2、S3处理的叶片水分利用效率均显著降低，分别达到了7.57%、14.77%。在低水处理条件下，相比S0处理，S1处理的叶片水分利用效率增加了5.88%，而S2、S3处理分别降低了2.02%、11.14%。表明在两种水分处理条件下，S1处理的叶片水分利用效率明显增加，而S2、S3处理的叶片水分利用效率均下降。这可能是因为在S1处理条件下光合速率的下降幅度小于蒸腾速率的下降幅度，而在S2、S3处理条件下光合速率的下降幅度高于蒸腾速率的下降幅度（图4.19）。还可以看出，相同遮阴条件下，低水处理的叶片水分利用效率显著高于高水处理。

表4.7 遮阴和水分处理对遮阴条件下叶片水分利用效率的影响（$\mu molCO_2 \cdot mmol^{-1}H_2O$）

水分处理	遮阴处理	观测日期（月/日）					
		4/2	4/12	4/20	5/4	5/9	5/17
高水	S0	4.26b	3.43de	3.35bc	3.39bc	2.66bc	1.18a
	S1	4.28b	3.72cd	3.38bc	3.41bc	3.01ab	1.12ab
	S2	4.15bc	3.20e	2.87d	2.94e	2.62c	1.21a
	S3	3.84c	2.61f	2.95cd	2.71f	2.28d	1.07ab
	平均值	4.13	3.24	3.14	3.12	2.64	1.14
低水	S0	4.37b	3.95bc	3.84a	3.93a	2.92ab	0.76c
	S1	4.91a	4.28ab	4.19a	3.89a	3.16a	0.84bc
	S2	4.17b	4.44a	3.78ab	3.19cd	2.95ab	1.10ab
	S3	4.16bc	3.54de	3.14cd	2.99de	2.81bc	0.962ab
	平均值	4.40	4.05	3.74	3.50	2.96	0.92

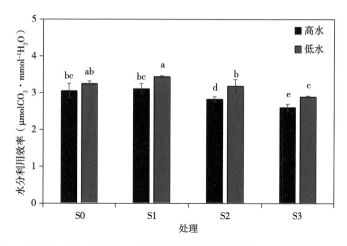

图4.19 遮阴和水分处理对全时期遮阴条件下平均叶片水分利用效率的影响

4.10.2 对叶片日水分利用效率的影响

叶片水分利用效率的大小直接决定于光合速率和蒸腾速率的大小。表4.8呈现的是遮阴程度和水分状况对不同观测日期叶片日水分利用效率的影响。可以看出，在两种水分处理条件下，随着遮阴程度的增加，各处理在不同观测日期的变化趋势并不表现出一定的规律性，但整体上S1处理的叶片水分利用效率与S0处理差异较小，而S2、S3处理与S0处理差异较大。相比高水处理，低水各处理除5月17日的叶片日水分利用效率显著降低外，其他各观测日期均高于高水处理。遮阴程度和水分状况对平均叶片日水分利用效率的影响如图4.20所示。结果表明，不同处理间的叶片日水分利用效率达到了显著差异。在高水处理条件下，S1处理有最高的叶片日水分利用效率，为$3.26\mu molCO_2 \cdot mmol^{-1}H_2O$，与S0处理相比增加了0.98%。S2、S3处理相比S0处理有所减少，分别达到了1.39%、3.61%，且三者与S0处理相比差异均不显著。在低水处理条件下，S1处理有最高的叶片日水分利用效率，为$3.71\mu molCO_2 \cdot mmol^{-1}H_2O$，与S0处理相比增加了2.47%。S2、S3处理与S0处理相比分别减少了5.54%、9.16%。表明在两种水分处理条件下，S1处理的日光合速率下降幅度小于日蒸腾速率，这就使叶片日水分利用效率较S0处理有所提高。而S2、S3处理的日光合速率的下降幅度大于日蒸腾速率，进而导致叶片日水分利用效率有所降低。

表4.8　遮阴和水分处理对叶片日水分利用效率的影响（$\mu molCO_2 \cdot mmol^{-1}H_2O$）

水分处理	遮阴处理	观测日期（月/日）					
		4/2	4/12	4/20	5/4	5/9	5/17
高水	S0	4.54c	3.52bc	3.73cd	3.79b	2.82bc	1.34ab
	S1	4.84bc	3.55bc	3.55d	3.74b	2.96abc	1.26ab
	S2	4.65c	3.45cd	3.46d	3.54bc	2.73cd	1.42ab
	S3	4.77bc	3.17d	3.50d	3.44c	2.50d	1.46a
	平均值	4.70	3.42	3.56	3.63	2.75	1.37
低水	S0	5.12ab	4.24a	4.29ab	4.30a	3.03ab	1.17c
	S1	5.49a	4.32a	4.53a	4.21a	3.21a	1.16c
	S2	4.80bc	4.19a	4.06bc	3.57bc	3.03ab	1.23bc
	S3	4.64c	3.80b	3.78cd	3.55bc	3.14a	1.17c
	平均值	5.01	4.14	4.16	3.91	3.10	1.19

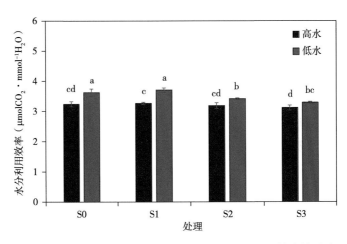

图4.20　遮阴和水分对全时期平均叶片日水分利用效率的影响

4.11　小结

（1）光照的改变会引起植物冠层小气候的改变。遮阴能够降低冠层的光合有效辐射和冠层温度，增加冠层空气湿度。遮阴后叶片温度降低，降低幅度随着遮阴程度的增加而增加。低水处理条件下的叶温显著高于高水处理。胞间CO_2浓度随着遮阴程度的增加而上升，且高水处理条件下的胞间CO_2浓度明显高于低水处理。

（2）遮阴程度和水分状况对遮阴条件下光合速率和蒸腾速率具有不同程度的影响。在遮阴条件下，相比S0处理，高水处理条件下的S1处理能够在不显著降低光合速率的同时显著降低蒸腾速率（8.8%），即降低一部分无效的水分蒸发，提高水分利用效率，可以认为是一种抑制奢侈蒸腾的有效措施。而S2和S3处理既显著降低了光合速率（22.47%、28.07%），又显著降低了蒸腾速率（14.91%、13.73%），严重影响了冬小麦正常的光合作用和蒸腾作用。在低水处理条件下，相比S0处理，S1处理在降低了光合速率的同时也降低了蒸腾速率，而S2、S3处理不仅明显降低了光合速率，且对蒸腾速率的抑制效果不显著，因此，低水处理条件下的遮阴处理并不是理想抑制奢侈蒸腾的途径。

（3）遮阴程度和水分状况对遮阴条件下气孔导度的影响达到统计学显著的程度。在高水处理条件下，遮阴条件下S1、S2、S3处理的气孔导度较S0处理显著降低了7.83%、16.53%、15.01%。相比S0处理，低水处理的S1、S2处理的气孔导度有所降低，降低幅度为S1<S2，而S3处理的气孔导度较S0处理有所升高。在相同水分供给条件下，对于蒸腾速率而言，蒸腾速率随着气孔导度的变化而变化。对于光合速率而言，在一定光照条件下，光合速率的改变取决于气孔导度的变化，而在较低光照（S3）条件下，光合速率的下降并不随着气孔导度的改变而改变，可能是因为随着光合有效辐射的降低，叶片温度降低，改变了叶片正常的生理活性，导致胞间CO_2浓度大量积累，CO_2供应不畅，最终阻碍了光合作用的进行。

（4）在两种水分供给条件下，相比S0处理，S1处理的叶片水分利用效率明显增加，而S2、S3处理的叶片水分利用效率均下降。这主要决定于不同遮阴条件下叶片光合速率和蒸腾速率的下降幅度，其中S1处理的光合速率下降幅度小于蒸腾速率的下降幅度，S2和S3处理的光合速率下降幅度大于蒸腾速率的下降幅度。此外，在相同遮阴条件下，低水处理的叶片水分利用效率显著高于高水处理。

5 遮阴程度和水分状况对冬小麦 群体光合、蒸腾的影响

光合作用是植物进行物质生产的基础过程，农作物较高的光合能力是获得较高产量的物质基础。小麦产量的90%～95%来自扬花后的光合作用。关于小麦光合能力与产量的关系前人做了大量研究工作（曹倩等，2012；刘祚昌等，1980；岳寿松等，1992），结果表明，干物质生产和产量的形成与群体光合速率的关系比与单叶光合速率关系更加密切（董树亭，1991）。群体光合速率表示的是单位土地面积上的光合能力，群体光合速率并不是由单叶简单累加而成，它拥有自己独特的变化规律（郭天财等，2001）。蒸腾速率的高低直接决定了蒸腾量的高低，灌溉用水的60%～70%消耗于作物蒸腾，是水分消耗的主要形式。本章主要探讨了遮阴程度和水分状况对冬小麦群体光合速率和群体蒸腾速率变化过程的影响，以及对群体水分利用效率的影响。

5.1 对群体光合速率的影响

5.1.1 对群体光合速率日变化过程的影响

图5.1显示的是不同遮阴和水分处理条件下不同生育时期冬小麦群体光合速率（CAP）的日变化过程。可以看出，在两种水分处理条件下，随着生育期的推进，自然光照条件下的群体光合速率均表现为先升高后下降的变化趋势。其中，高水处理条件下开花期达到最高值，而低水处理条件下则是抽穗期达到最高值。在高水处理条件下，遮阴后群体光合速率随着遮阴程度的增加而降低，但未遮阴条件下各处理间的差异并不明显。在低水处理条件下，遮阴条件下S1、S2和S3处理在拔节期和抽穗期的群体光合速率明显小于S0处理，而未遮阴条件下S1、S2和S3处理的群体光合速率与S0处理相比无明显差异。开花期之后，S2和S3处理在遮阴条件下的群体光合速率明显低于S0处理，而未遮阴条件下S2和S3处理的群体光合速率明显高于S0处理。

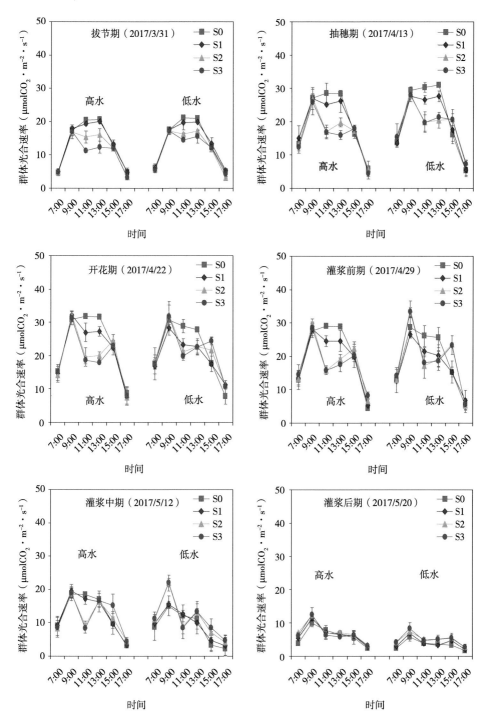

图5.1　遮阴和水分处理对不同生育时期群体光合速率日变化过程的影响

5.1.2　对群体日光合速率的影响

　　遮阴程度和水分状况对不同观测日期群体日光合速率的影响如表5.1所示。可以看出，在两种水分处理条件下，随着生育期的推进，群体日光合速率表现为先上升后下降的变化趋势。高水处理的群体日光合速率在4月22日达到最大值，而低水处理在4月13日达到最大值。在高水处理条件下，遮阴降低了群体日光合速率，降低幅度随着处理的不同表现出差异。其中S1处理的降低幅度较小，而S2、S3处理的下降幅度较大，并且与S0处理产生了显著性差异。在低水处理条件下，4月22日之前，遮阴降低了各处理的群体日光合速率。到4月22日之后，除4月29日S1处理低于S0处理外，其他时间各遮阴处理的群体日光合速率明显高于S0处理。图5.2描述的是不同遮阴和水分处理条件下平均群体日光合速率的差异性分析。结果表明，遮阴程度和水分状况对平均群体日光合速率的影响达到了显著水平。在高水处理条件下，相比S0处理，S1处理的群体日光合速率虽然有下降的趋势，但统计学未达到差异显著的程度，S2、S3处理显著降低群体日光合速率，分别达到了13.20%、18.14%，说明在一定程度的遮阴范围内群体日光合速率变化差异较小，但是过度遮阴会显著影响群体日光合速率的大小。在低水处理条件下，遮阴对群体日光合速率的影响较小，各处理间无显著差异，这就说明，遮阴补偿了水分亏缺对群体日光合速率的影响。在S0、S1处理条件下，相比高水处理，低水处理显著降低群体日光合速率，分别达到了7.12%、8.29%。而S2、S3处理条件下，高水处理的群体日光合速率显著低于低水处理，分别达到了3.68%、10.57%。

表5.1　遮阴和水分处理对群体日光合速率的影响（$\mu molCO_2 \cdot m^{-2} \cdot s^{-1}$）

水分处理	遮阴处理	观测日期（月/日）					
		3/31	4/13	4/22	4/29	5/12	5/20
	S0	13.29a	19.80b	23.37a	20.30a	12.57a	5.93b
	S1	13.26a	19.09bc	21.69b	20.02a	12.45a	6.45ab
高水	S2	11.29b	16.50d	19.55d	17.85c	11.37ab	7.08a
	S3	9.96c	15.46e	18.86d	16.27e	11.96a	6.64ab
	平均值	11.95	17.71	20.87	18.61	12.09	6.53

（续表）

水分处理	遮阴处理	观测日期（月/日）					
		3/31	4/13	4/22	4/29	5/12	5/20
低水	S0	13.69a	21.60a	20.90b	17.38cd	8.66c	3.31d
	S1	13.51a	19.90b	19.61cd	17.01de	9.20bc	3.88d
	S2	11.78b	19.42c	19.78bc	18.63c	11.05ab	4.94c
	S3	11.40b	19.46c	19.73bc	19.47b	11.32ab	5.00c
	平均值	12.59	20.10	20.00	18.12	10.06	4.28

注：同列不同字母表示在$P<0.05$水平上差异显著，$n=3$，下同。

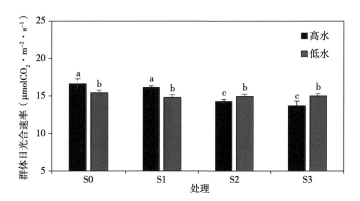

图5.2　遮阴和水分处理对全时期平均群体日光合速率的影响

注：图中不同字母表示在$P<0.05$水平上差异显著，下同。

5.2　对群体蒸腾速率的影响

5.2.1　对群体蒸腾速率日变化过程的影响

图5.3表示的是不同遮阴和水分条件下不同生育期内群体蒸腾速率（CAT）的日变化。可以看出，在两种水分处理条件下，自然光照条件下群体蒸腾速率随着生育期的推进表现为先升高后下降的变化趋势，到灌浆前期达到最高值。在高水处理条件下，遮阴条件下不同处理在各个生育期的群体蒸腾速率均降低，降低幅度随着遮阴程度的不同而不同。S1处理的降低幅度较小，而S2、S3处理的降低幅度明显大于S1处理。在低水处理条件下，开花期之前，遮阴条件下不同处理的群体蒸腾速率均降低，而未遮阴条件下各处理间

的群体蒸腾速率差异较小。在灌浆前期，遮阴条件下S2、S3处理的群体蒸腾速率低于S0处理，而未遮阴条件下S2、S3处理的群体蒸腾速率高于S0处理。在灌浆中后期，S2、S3处理的群体蒸腾速率几乎全天都高于S0处理。

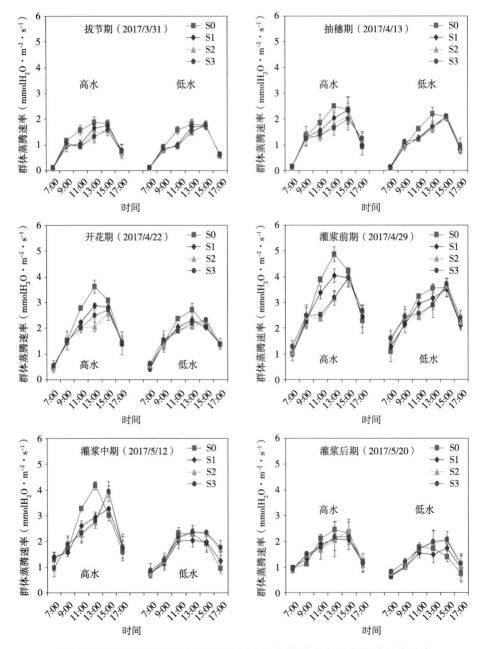

图5.3 遮阴和水分处理对不同生育时期群体蒸腾速率日变化过程的影响

5.2.2 对群体日蒸腾速率的影响

表5.2描述的是遮阴程度和水分状况对不同观测日期群体日蒸腾速率的影响。结果表明，在各个观测日期内，高水处理条件下的群体日蒸腾速率显著高于低水处理。在两种水分处理条件下，群体日蒸腾速率随着生育期的推进表现为先升高后下降的变化趋势，到4/29日达到最高值。在高水处理条件下，S0、S1、S2、S3处理的最高值分别为3.08mmolH$_2$O·m^{-2}·s^{-1}、2.85mmolH$_2$O·m^{-2}·s^{-1}、2.59mmolH$_2$O·m^{-2}·s^{-1}、2.67mmolH$_2$O·m^{-2}·s^{-1}。在低水处理条件下，S0、S1、S2、S3处理的最高值分别为2.56mmolH$_2$O·m^{-2}·s^{-1}、2.50mmolH$_2$O·m^{-2}·s^{-1}、2.59mmolH$_2$O·m^{-2}·s^{-1}、2.64mmolH$_2$O·m^{-2}·s^{-1}。在高水处理条件下，遮阴降低了各个观测日期内的群体日蒸腾速率，其中S0处理一直为所有处理中的最大值，且不同处理间达到了显著差异。在低水处理条件下，在4月22日之前，遮阴能够降低各处理的群体日蒸腾速率，其中S0处理一直为最大值。到4月29日之后，S2、S3处理的群体日蒸腾速率明显高于S0处理。对不同遮阴和水分处理条件下平均群体日蒸腾速率进行方差分析，结果如图5.4所示。在高水处理条件下，相比S0处理，S1、S2、S3处理均显著降低了群体日蒸腾速率，分别达到了9.33%、14.91%、14.07%。而在低水处理条件下，S1、S2处理的群体日蒸腾速率有下降的趋势，S3处理有所上升，但不同处理间的群体日蒸腾速率未达到统计学差异显著的水平，这就说明低水条件下遮阴对群体日蒸腾速率的影响较小。在相同遮阴条件下，高水处理的群体日蒸腾速率显著高于低水处理。

表5.2 遮阴和水分处理对群体日蒸腾速率的影响（mmolH$_2$O·m^{-2}·s^{-1}）

水分处理	遮阴处理	观测日期（月/日）					
		3/31	4/13	4/22	4/29	5/12	5/20
	S0	0.82a	1.52a	2.12a	3.08a	2.49a	1.68a
	S1	0.69b	1.38b	1.86b	2.85b	2.25b	1.57ab
高水	S2	0.63cd	1.30bc	1.67c	2.59cd	2.26b	1.58ab
	S3	0.59d	1.26cd	1.77bc	2.67d	2.26b	1.59ab
	平均值	0.68	1.37	1.86	2.80	2.32	1.61

（续表）

水分处理	遮阴处理	观测日期（月/日）					
		3/31	4/13	4/22	4/29	5/12	5/20
低水	S0	0.83a	1.28cd	1.72bc	2.56cd	1.55de	1.19c
	S1	0.67bc	1.13e	1.59c	2.50cd	1.52e	1.21c
	S2	0.63cd	1.12e	1.63c	2.59bc	1.73cd	1.40bc
	S3	0.62cd	1.19de	1.67c	2.64a	1.78c	1.47b
	平均值	0.69	1.18	1.65	2.58	1.64	1.32

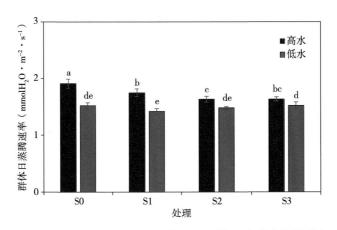

图5.4　遮阴和水分处理对全时期平均群体日蒸腾速率的影响

5.3　对群体日水分利用效率的影响

表5.3描述的是遮阴程度和水分状况对不同观测日期内群体日水分利用效率（WUE_C）的影响。可以看出，在两种水分处理条件下，不同观测日期的群体日水分利用效率随着遮阴程度的增加并未表现出一定的规律，但相比S0处理，S1处理的叶片水分利用效率整体上与S0处理差异较小，而S2、S3处理与S0处理相比差异较大。相比高水处理，低水各处理除5月20日的群体日水分利用效率显著降低外，其他各观测日期均高于高水。对不同遮阴程度和水分条件下全时期的平均群体日水分利用效率进行方差分析（图5.5），

结果表明，在高水处理条件下，相比S0处理，S1处理的群体日水分利用效率有所提高，达到4.9%，S2、S3处理略微降低，分别为0.7%、5.26%。在低水处理条件下，S1处理的群体日水分利用效率相比S0处理提高了2.71%，而S2、S3处理分别降低了0.5%、2.57%。在两种水分处理条件下，S1、S2、S3处理的群体日水分利用效率与S0处理相比均无显著差异。

表5.3　遮阴和水分处理对群体日水分利用效率的影响（$\mu molCO_2 \cdot mmol^{-1}H_2O$）

水分处理	遮阴处理	观测日期（月/日）					
		3/31	4/13	4/22	4/29	5/12	5/20
高水	S0	16.23c	13.00c	11.01bc	8.65b	5.04b	3.53b
	S1	19.12a	13.86c	11.64b	9.06a	5.53ab	4.11ab
	S2	17.93b	12.65cd	11.71b	8.93ab	5.03b	4.47a
	S3	16.88c	12.26d	10.64c	8.09b	5.28ab	4.16ab
	平均值	17.54	12.95	11.25	8.68	5.22	4.07
低水	S0	16.57c	16.31b	12.52a	9.45a	5.57ab	2.77c
	S1	20.31a	17.40a	12.53a	9.45a	6.07a	3.19c
	S2	18.78a	17.26a	12.47a	9.65a	6.40a	3.54b
	S3	18.23ab	16.39b	12.07ab	9.98a	6.35a	3.41bc
	平均值	18.47	16.84	12.40	9.63	6.10	3.23

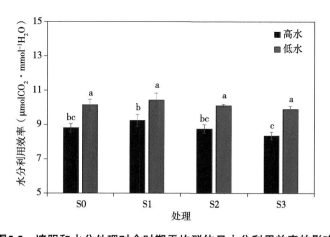

图5.5　遮阴和水分处理对全时期平均群体日水分利用效率的影响

5.4 小结

（1）不同程度的遮阴和水分状况对群体日光合速率的影响达到统计学显著水平。在高水处理条件下，相比S0处理，S1处理的群体日光合速率无显著差异，而S2、S3处理的群体日光合速率较S0处理均显著降低，分别达到13.20%、18.14%，表明较低的遮阴程度对群体日光合速率的影响较小，但过度遮阴会显著降低群体日光合速率。在低水处理条件下，遮阴对平均群体日光合速率的影响较小，S1、S2、S3处理较S0处理的群体日光合速率未达到统计学显著的程度。在S0、S1处理条件下，相比高水处理，低水处理显著降低群体日光合速率，分别达到7.12%、8.29%。而S2、S3处理条件下，高水处理的群体日光合速率显著低于低水处理，分别达到3.68%、10.57%。

（2）在两种水分处理条件下，遮阴对群体日蒸腾速率的影响随土壤水分的不同而异，光合有效辐射和土壤含水量对群体蒸腾速率产生显著影响。在相同遮阴条件下，高水处理的群体日蒸腾速率显著高于低水处理。在高水处理条件下，相比S0处理，S1、S2、S3处理的群体日蒸腾速率均显著降低，分别达到9.33%、14.91%、14.07%。表明光合有效辐射和土壤含水量显著影响蒸腾速率的大小，随着光合有效辐射和水分降低蒸腾速率大幅度下降。在低水处理条件下，遮阴能够补偿水分亏缺对群体日蒸腾速率产生的不利影响，不同处理间的群体日蒸腾速率未达到统计学差异显著的水平。

（3）遮阴程度和水分状况对群体日水分利用效率产生了显著影响。在高水处理条件下，相比S0处理，S1处理的群体日水分利用效率有所提高，达到4.9%，但二者无显著差异。而S2、S3处理较S0处理降低了群体日水分利用效率，分别为0.7%、5.26%。在低水处理条件下，S1处理的群体水分利用效率相比S0处理提高了2.71%，而S2、S3处理分别降低了0.5%、2.57%。在两种水分处理条件下，相比未遮阴，遮阴对群体日水分利用效率的影响未达到统计学显著水平。

6 遮阴程度和水分状况对冬小麦生长发育及水分利用效率的影响

　　植物的生长发育过程与光照强度和土壤水分含量密切相关，光照条件和水分含量的改变直接影响作物的光合作用、蒸腾作用以及水分代谢状况（Crookston et al.，1975；Fay and Knapp，1993），从而不同程度地影响作物的生长发育，例如叶面积指数、干物质积累与分配（Thangaraj and Sivasubramanian，1990），进而影响作物的产量和耗水量（Chaturvedi and Ingram，1989；Cohen et al.，1997），最终影响水分利用效率（Liu et al.，2018）。本章从冬小麦的形态指标、地上部干物质积累过程及分配、蒸腾蒸发耗水过程、产量及产量构成、水分利用效率等多方面进行论述，探讨既可以维持或提高产量和水分利用效率，又可以减少无效水分消耗的途径与措施，为今后发展高产稳产，提高农作物水分生产力，实现生理节水的高效农业提供理论依据。

6.1　对叶面积指数的影响

　　叶片是植物进行光合作用和蒸腾作用的主要器官，叶面积的变化直接影响冠层截获光辐射的能力。叶面积指数（LAI）是反映作物在不同生育期群体数量大小的重要指标之一。它能够反映植物的生长情况，不仅对作物的蒸腾量有直接影响，也影响作物群体的光合同化能力，进而影响作物的干物质生产、产量和耗水量。不同遮阴和水分处理条件下冬小麦叶面积指数的变化过程如图6.1所示。由图6.1可知，不同遮阴和水分处理条件下叶面积指数的变化趋势基本一致。冬小麦的叶面积指数随着生育期的推进表现为先上升后下降的趋势，在4月8日达到最大值，此时高水处理条件下S0、S1、S2、S3的叶面积指数分别为6.43、6.87、7.28、7.18，低水处理条件下则分别为6.23、6.38、6.80、6.91。抽穗之后，由于下部叶片开始死亡，加之部分弱苗的凋亡，使得叶面积指数不断减小。总体来看，高水处理条件下的叶面积指数要显著大于低水处理（表6.1），说明水分亏缺对叶面积指数具有明显的抑制作用。在两种水分处理条件下，叶面积指数都呈现随着遮阴程度加重而增加的趋势，说明遮光会使叶面积指数变大。随着生育期的推进，不同处理间的差异越来越明显。灌浆期之后，S0、S1处理的叶面积指数下降比较剧烈，而S2、S3处理下降相对缓慢。

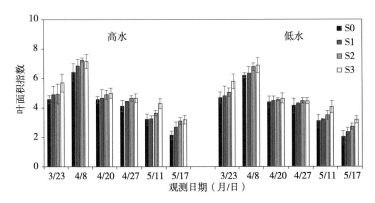

图6.1 不同遮阴和水分处理条件下冬小麦叶面积指数的变化过程

表6.1 遮阴和水分处理对冬小麦叶面积指数的影响

水分处理	遮阴处理	观测日期（月/日）					
		3/23	4/8	4/20	4/27	5/11	5/17
高水	S0	4.58c	6.43bc	4.58b	4.14a	3.23cd	2.17cd
	S1	4.91abc	6.87abc	4.66ab	4.43a	3.26cd	2.70bc
	S2	4.95abc	7.28a	4.90a	4.65a	3.64bc	3.11a
	S3	5.71ab	7.18ab	5.00a	4.66a	4.30a	3.20a
	平均值	5.04	6.94	4.79	4.47	3.61	2.80
低水	S0	4.71c	6.23c	4.41b	4.16a	3.11d	2.04d
	S1	4.83bc	6.38bc	4.49b	4.27a	3.21cd	2.38c
	S2	5.07abc	6.80abc	4.55ab	4.48a	3.51cd	2.73b
	S3	5.80a	6.91abc	4.65ab	4.47a	4.07ab	3.19a
	平均值	5.10	6.58	4.53	4.34	3.48	2.59

注：同列不同字母表示在$P<0.05$水平上差异显著，$n=3$，下同。

6.2 对株高的影响

图6.2表示的是不同遮阴和水分状况条件下冬小麦株高的生长过程。由图6.2可见，高水处理条件下的株高明显高于低水处理，说明水分亏缺抑制了植株的生长。在两种水分处理条件下，小麦的株高在拔节期增长迅速，至抽穗后达到最大，之后保持在最高状态。在高水处理条件下，S0处理的株高在各个观测日期均最低，随着遮阴程度加重，株高呈明显增加趋势，说明遮阴对株高的生长有促进作用，且从拔节期开始各处理间就出现了显著差异（表6.2）。在4月20日各处理的株高差距最大，S1、S2、S3处理的株高显著高于S0处理，增长率分别为6.55%、7.33%和9.45%，之后随着生育期的推进，各处理间的差异逐渐缩小。在低水处理条件下，株高随着遮阴程度的加重呈现出不断增加的趋势。相比S0处理，S1处理株高的增加幅度较小，而S2、S3处理的增加幅度要明显高于S1处理。

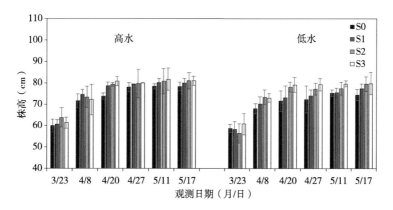

图6.2 不同遮阴和水分处理条件下冬小麦株高的变化过程

表6.2 遮阴和水分处理对冬小麦株高的影响（cm）

水分处理	遮阴处理	观测日期（月/日）					
		3/23	4/8	4/20	4/27	5/11	5/17
高水	S0	60.03de	71.62b	73.82c	78.05ab	78.43cd	78.36ab
	S1	60.77e	74.73a	78.66b	79.38a	80.09abc	80.03a
	S2	63.87f	73.44b	79.23ab	79.69a	80.77ab	80.97a
	S3	61.43bc	72.23b	80.80a	80.01a	81.75a	81.04a

（续表）

水分处理	遮阴处理	观测日期（月/日）					
		3/23	4/8	4/20	4/27	5/11	5/17
高水	平均值	61.52	73.01	78.13	79.28	80.26	80.10
低水	S0	58.8cd	68.12d	71.61d	72.41c	75.28e	74.43c
	S1	58.34bc	70.22c	73.15cd	73.98c	75.41e	77.49bc
	S2	56.5a	73.34b	78.15bc	77.25b	77.49d	79.52b
	S3	60.83bc	73.06b	79.17ab	79.25ab	79.61bc	79.82a
	平均值	58.62	71.19	75.52	75.72	76.95	77.82

6.3　对土壤含水量的影响

图6.3是0～100cm平均土壤含水量在不同遮阴和水分条件下的变化。可以看出，遮阴和水分对土壤含水量产生了不同程度的影响。在高水处理条件下的土壤含水量明显高于低水处理，且均在浇水后出现一个峰值。在两种水分处理条件下，相比S0，遮阴条件下的土壤含水量均有所提高，其中以4月19日为例，在高水处理条件下，相比S0处理，S1、S2、S3处理的土壤含水量依次上升了4.80%、7.21%、9.19%。在低水处理条件下，相比S0处理，S1、S2、S3处理的土壤含水量依次上升了1.97%、14.21%、14.66%。这就说明，遮阴能够减少土壤水分消耗量，从而保持了较高的土壤含水率。

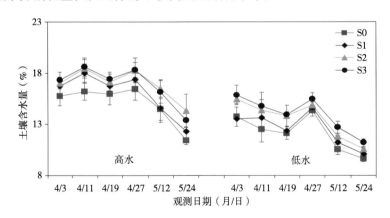

图6.3　遮阴和水分处理对土壤含水量的影响

6.4 对蒸腾量的影响

遮阴程度和水分状况对不同生育期内蒸腾量的影响如表6.3所示。可以看出，在各个生育期内，高水处理条件下的蒸腾量显著高于低水处理。在高水处理条件下，灌浆中期之前，遮阴降低各个生育期内的蒸腾量，其中S1处理的降低幅度较小，S2、S3处理的降低幅度明显高于S1处理。随着生育期的推进，处理间的差异逐渐减小。到灌浆后期，S3处理的蒸腾量显著高于S0处理，这可能与较高的叶面积指数及土壤含水量有关。在低水处理条件下，S1处理在各个生育期均有较低的蒸腾量，但S2、S3处理在开花期之前蒸腾量低于S0处理，开花期之后高于S0处理，且不同处理间存在显著差异，这可能与开花期之后较高的土壤水分含量有关。图6.4为全时期累积蒸腾量的差异性分析。结果表明，在高水处理条件下，相比S0处理，S1、S2、S3处理均显著降低了累积蒸腾量，依次达到了5.91%、14.89%、12.41%。而在低水处理条件下，各处理均与S0处理无显著差异。

表6.3　遮阴和水分处理对不同生育期蒸腾量的影响（mm）

水分处理	遮阴处理	拔节期	抽穗期	开花期	灌浆前期	灌浆中期	灌浆后期
	S0	38.96a	27.89a	34.91a	24.18a	18.75a	13.95b
	S1	35.05b	25.97b	33.38b	23.46a	17.87a	13.53b
高水	S2	33.87b	22.60cd	28.93cd	19.14b	17.69a	14.11b
	S3	34.87b	23.81c	27.95cd	19.04b	17.81a	15.47a
	平均值	35.69	25.07	31.29	21.45	18.03	14.26
	S0	29.37c	20.90de	25.50e	18.59bc	12.33c	5.19d
	S1	27.27d	19.12e	24.93e	16.73c	12.13c	5.08d
低水	S2	28.35cd	19.52e	27.32d	20.21b	13.95b	6.85c
	S3	28.30cd	20.51e	29.18c	20.67b	14.45b	7.01c
	平均值	28.32	20.01	26.73	19.05	13.22	6.03

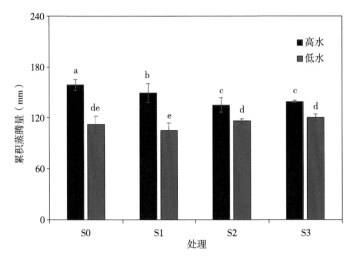

图6.4 遮阴和水分处理对全时期累积蒸腾量的影响

注：图中不同字母表示在 $P < 0.05$ 水平上差异显著，下同。

6.5 对土壤蒸发量的影响

表6.4为遮阴程度和水分状况对不同生育期内土壤蒸发量的影响。可以看出，高水处理条件下的土壤蒸发量显著高于低水处理。在高水处理条件下，土壤蒸发量的最高值出现在开花期，S0、S1、S2、S3处理分别为19.24mm、18.75mm、17.52mm、17.43mm。低水处理条件下土壤蒸发量的最高值出现在拔节期，分别为15.65mm、15.54mm、13.73mm、13.10mm。在高水处理条件下，遮阴能降低各个生育期的土壤蒸发量，且降低幅度随着处理的不同表现出差异。其中，与S0处理相比，S1处理的降低幅度较小，但S2、S3处理的降低幅度明显高于S1处理。在低水处理条件下，遮阴对土壤蒸发量的影响在拔节期已经达到显著水平，随着生育期的推进，各处理间的变化幅度变小，各处理间的差异也越发变小。不同遮阴和水分处理条件下全时期累积土壤蒸发量的差异性分析如图6.5所示，结果表明，在高水处理条件下，S1处理与S0处理相比累积土壤蒸发量差异不显著，但S2、S3处理显著降低累积土壤蒸发量，分别为11.34%、13.24%。在低水处理条件下，各处理间差异不显著。

表6.4 遮阴和水分处理对不同生育期内土壤蒸发量的影响（mm）

水分处理	遮阴处理	拔节期	抽穗期	开花期	灌浆前期	灌浆中期	灌浆后期
	S0	18.90a	12.05a	19.24a	12.78a	14.55a	11.15a
	S1	16.49b	11.55ab	18.75a	12.11ab	14.11ab	10.02a
高水	S2	15.10c	11.35ab	17.52b	11.56b	12.86b	10.22a
	S3	13.90d	10.81b	17.43b	11.43b	12.93b	10.44a
	平均值	16.10	11.44	18.24	11.97	13.61	10.46
	S0	15.65bc	9.14c	10.66c	7.76c	7.45c	6.03b
	S1	15.54bc	8.95c	10.49c	7.04c	7.12c	5.96b
低水	S2	13.73d	8.62c	10.31c	7.77c	7.18c	5.70b
	S3	13.10d	8.57c	10.26c	7.67c	7.30c	5.47b
	平均值	14.50	8.82	10.43	7.56	7.27	5.79

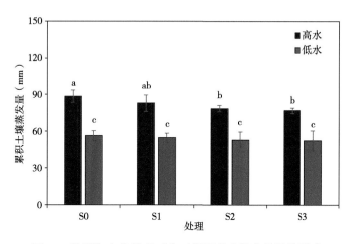

图6.5 遮阴和水分处理对全时期累积土壤蒸发量的影响

6.6 对耗水量的影响

遮阴程度和水分状况对不同生育期内耗水量的影响如表6.5所示。可以看出，遮阴程度和水分状况对不同生育期内的耗水量产生了不同程度的影响。在两种水分处理条件下，均在拔节期有最高耗水量，这可能与拔节期历时较长有关。方差分析结果表明，高水处理条件下的耗水量显著高于低水处理。在高水处理条件下，遮阴能够降低耗水量，且不同处理间存在显著差异。其中S1处理的降低幅度较小，S2、S3处理的降低幅度相对较大。在低水处理条件下，各处理间的变化幅度较小。在各个生育期，S1处理的耗水量均低于S0处理，而S2、S3处理的耗水量在开花期之后明显高于S0处理，这可能与后期较高的蒸腾量有关。由图6.6可以看出，不同处理间全时期的累积耗水量存在显著差异。在高水处理条件下，相比S0处理，S1、S2、S3处理均显著降低累积耗水量，分别达到了6.08%、13.62%、12.71%。在低水处理条件下，遮阴程度对累积耗水量的影响较小，S1、S2、S3处理与S0处理相比无显著差异。

表6.5　遮阴和水分处理对不同生育期内耗水量的影响（mm）

水分处理	遮阴处理	拔节期	抽穗期	开花期	灌浆前期	灌浆中期	灌浆后期
高水	S0	57.87a	39.94a	54.15a	36.95a	33.31a	25.10ab
	S1	51.53b	37.53b	52.13b	35.57a	31.98b	23.55b
	S2	48.96c	33.96c	45.12c	30.70b	30.56c	24.34ab
	S3	48.78c	34.61c	45.38c	30.46b	30.74c	25.91a
	平均值	51.78	36.51	49.20	33.42	31.64	24.72
低水	S0	45.02d	30.04d	36.15f	26.36d	19.78e	11.22c
	S1	42.80e	28.08f	35.41f	23.77e	19.26e	11.04c
	S2	41.40e	28.15f	37.63e	27.98cd	21.13d	12.55c
	S3	41.39e	29.08e	39.44d	28.34c	21.75d	12.48c
	平均值	42.66	28.84	37.16	26.61	20.48	11.82

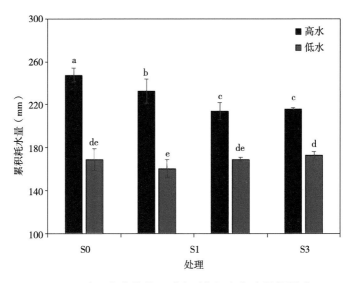

图6.6　遮阴和水分处理对全时期累积耗水量的影响

6.7　对地上部干物质的影响

6.7.1　对地上部干物质积累过程的影响

图6.7为不同遮阴和水分条件下地上部干物质积累的变化过程。可以看出，在两种水分处理条件下，不同处理间干物质积累的变化过程基本一致，均表现为"慢—快—慢"的增长趋势。4月14日之前干物质的积累较慢，不同处理间的差异也较小，4月14日之后各处理的干物质积累快速增长，各处理间差异达到显著水平（表6.6），到5月17日各处理的干物质达到最大。在高水处理条件下，随着遮阴程度的增加，冬小麦地上部干物质表现为降低的趋势，这说明，遮阴影响了植株体内同化物的合成，进而影响了干物质的累积。其中，S1处理与S0处理的差异较小，而S2、S3处理明显低于S0处理。在低水处理条件下，S1处理的干物质一直低于S0处理。在4月14日之前，S2、S3处理的干物质明显低于S1处理，但4月14之后S2、S3处理的干物质逐渐超过S1处理，但依然低于S0处理。

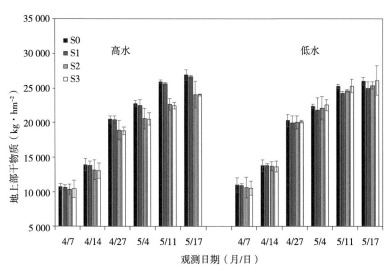

图6.7 不同遮阴和水分处理条件下地上部干物质的积累过程

表6.6 遮阴和水分处理对地上部干物质的影响（kg·hm⁻²）

水分处理	遮阴处理	观测日期（月/日）					
		4/7	4/14	4/27	5/4	5/11	5/17
高水	S0	10 677.38a	13 892.50a	20 445.00a	22 752.21a	25 911.67a	26 902.13a
	S1	10 571.79a	13 777.92a	20 388.00ab	22 478.38ab	25 605.75a	26 608.83ab
	S2	10 344.75a	13 138.75b	18 901.38c	20 615.71d	22 598.54e	24 053.17e
	S3	10 399.96a	13 050.42b	18 799.33c	20 493.46d	22 450.29e	23 981.63e
	平均值	10 498.47	13 464.9	19 633.43	21 584.94	24 141.56	25 386.44
低水	S0	10 982.46a	13 784.17a	20 294.83abc	22 347.42abc	25 237.21b	25 965.00bc
	S1	10 918.06a	13 780.00a	19 963.04b	21 747.17c	24 203.33d	24 959.63d
	S2	10 614.04	13 636.67ab	19 998.25ab	22 079.00bc	24 608.58c	25 368.75cd
	S3	10 512.46a	13 633.75ab	20 125.92ab	22 494.13ab	25 270.81b	26 061.75b
	平均值	10 756.76	13 708.65	20 095.51	22 166.93	24 829.98	25 588.78

6.7.2　对地上部干物质积累量的影响

遮阴程度和水分状况对不同生育期内地上部干物质积累量的影响如表6.7所示。可以看出，在两种水分处理条件下，干物质积累量在拔节期最高，且低水处理高于高水处理。在高水处理条件下，随着光合有效辐射的降低干物质积累量表现为降低的趋势。在灌浆前期之前，S0处理与S1处理的差异较小，而S2、S3处理显著降低了干物质的积累量。到灌浆后期，S2、S3处理的干物质积累量明显高于S0处理。在低水处理条件下，在各个生育期内，随着遮阴程度的变化，干物质的积累量并没有表现出一定的规律性。遮阴程度和水分状况对全时期干物质积累总量的影响达到显著差异，如图6.8所示。在高水处理条件下，相比S0处理，S1处理的干物质积累总量下降不显著，但S2、S3处理的积累总量分别显著降低了12.80%、13.25%。对于低水处理条件下的干物质积累总量来说，相比S0处理，S1、S2、S3处理的积累总量均下降不显著。

表6.7　遮阴和水分处理对不同生育期地上部干物质积累量的影响（kg·hm⁻²）

水分处理	遮阴处理	拔节期	抽穗期	开花期	灌浆前期	灌浆中期	灌浆后期
	S0	8 112.38a	3 248.46a	6 552.50a	2 307.21a	3 159.46a	990.46b
	S1	7 883.04abc	3 206.13a	6 610.08a	2 090.38b	3 127.38a	1 003.08b
高水	S2	7 513.92c	2 794.00cd	5 762.63c	1 714.33c	1 982.83e	1 454.63a
	S3	7 530.58b	2 650.46d	5 748.92c	1 694.13c	1 956.83e	1 531.33a
	平均值	7 759.98	2 974.76	6 168.53	1 951.51	2 556.62	1 244.87
	S0	8 097.08ab	2 801.71cd	6 510.67ab	2 052.58b	2 889.79ab	727.79c
	S1	8 265.88a	2 861.94cd	6 183.04b	1 784.13c	2 456.17d	756.29c
低水	S2	7 941.04abc	3 022.63b	6 361.58b	2 080.75b	2 529.58cd	760.17c
	S3	7 807.96abc	3 121.29ab	6 492.17ab	2 368.21a	2 776.69bc	790.94c
	平均值	8 027.99	2 951.89	6 386.86	2 071.42	2 663.06	758.80

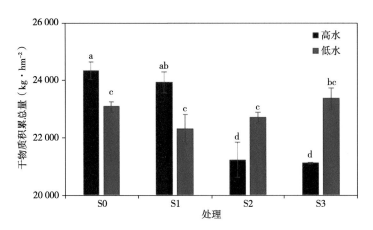

图6.8　遮阴和水分处理对全时期地上部干物质积累总量的影响

6.7.3　对地上部各器官干重及分配比例的影响

光照条件的改变将会影响光合同化物的合成、转运和分配，最终影响总干物质的积累。表6.8表示的是不同遮阴程度和水分处理条件下地上部各器官的干重和分配比例。地上部各器官的分配比例是指各器官干重占地上部总干重的比值。研究结果表明，遮阴程度和水分状况对叶、茎、穗、总干重的影响均达到了显著水平。在高水处理条件下，相比S0处理，遮阴能增加叶片的干重，但茎的干重随着遮阴程度的增加而降低，表现为S0 > S1 > S2 > S3。茎和叶的干重占总干重的比例也随着遮阴程度的增加表现出增加的趋势。此外，遮阴能够降低穗的干重，且穗干重占总干重的比例随着遮阴程度的增加而降低。相比S0处理，S1处理的总干重下降不显著，但S2、S3处理显著低于S0处理，分别降低了14.55%、15.64%，这可能是由叶片总光合速率的减小和叶片光能利用率的降低造成的。在低水处理条件下，相比S0处理，遮阴增加了叶片的干重，且叶的干重占总干重的比例也增加。遮阴降低了茎的干重，但S1和S2处理茎和叶的干重占总干重的比例上升，S3处理所占的比例降低。除此以外，遮阴降低了S1、S2处理的穗的干重及所占比例，但S3处理的穗干重及所占比例上升。相比S0处理，遮阴对各处理的总干重的影响未达到显著水平。不同遮阴和水分条件下各处理间的收获系数达到显著差异。在高水处理条件下，相比S0处理，S1处理的收获系数差异不显著，但显著高于S2和S3处理。在低水处理条件下，相比S0处理，S1、S2、S3处理的收获系数差异均不显著。

表6.8　地上部各器官干重及占总干重的比例

水分处理	遮阴处理	叶片		茎秆		穗		总干重（g）	收获系数
		干重（g）	占总重（%）	干重（g）	占总重（%）	干重（g）	占总重（%）		
高水	S0	5.97 ± 0.12b	14.37	12.09 ± 0.08a	29.08	23.51 ± 0.38a	56.55	41.57 ± 0.16a	0.94 ± 0.03a
	S1	6.34 ± 0.19a	15.35	12.01 ± 0.33a	29.09	22.94 ± 0.48a	55.56	41.29 ± 0.29a	0.92 ± 0.02a
	S2	6.49 ± 0.06a	16.29	10.96 ± 0.29bc	30.85	18.07 ± 0.70c	50.88	35.52 ± 0.29d	0.88 ± 0.02b
	S3	6.50 ± 0.15a	16.84	10.80 ± 0.22ef	30.80	17.77 ± 0.55d	50.67	35.07 ± 0.80d	0.84 ± 0.03b
低水	S0	5.91 ± 0.17b	16.28	11.23 ± 0.20ab	30.90	19.19 ± 0.57b	52.83	36.33 ± 0.35bc	0.94 ± 0.05a
	S1	6.17 ± 0.11b	17.32	10.72 ± 0.23f	30.08	18.75 ± 0.78d	52.60	35.65 ± 0.69c	0.91 ± 0.03a
	S2	6.33 ± 0.17a	17.51	10.89 ± 0.22de	30.12	18.93 ± 0.43c	52.36	36.16 ± 0.27bc	0.90 ± 0.03ab
	S3	6.38 ± 0.18a	17.03	10.93 ± 0.19cd	29.18	20.15 ± 0.71b	53.79	37.46 ± 0.68b	0.95 ± 0.01a

6.7.4　对冬小麦产量构成因素的影响

遮阴程度和水分状况对冬小麦产量构成因素的影响如表6.9所示。通过统计分析发现，遮阴和水分对小麦的穗长、小穗数、无效小穗数、穗粒重和千粒重均达到了显著影响。由表6.9可以看出，在高水处理条件下，相比自然光照（S0），遮阴增加了小麦的穗长，但小穗数随着遮阴程度的增加而下降。在低水处理条件下，相比S0，S1处理的穗长明显降低，而S2、S3处理的穗长增加。另外，相比S0、S1、S2、S3处理的小穗数均明显降低。在高水处理条件下，小麦的无效小穗数随着遮阴程度的增加而增加，表现为S0<S1<S2<S3。其中，相比S0处理，S1处理的无效小穗数增加不显著，但S2、S3处理的无效小穗数分别显著增加了53.89%、55.44%。在低水处理条

件下，无效小穗数随着遮阴程度的增加表现出先上升后下降的趋势，但各处理间差异不显著。在高水处理条件下，遮阴能够降低各处理的穗粒数，相比S0处理，S1、S2、S3处理的穗粒数分别减少2.91%、16.07%、11.32%。千粒重随着遮阴程度的增加呈现先升高后降低的趋势。相比S0处理，S1处理显著增加了千粒重，达到了7.73%，而S2、S3处理显著降低了千粒重，分别为7.70%、21.14%。在低水处理条件下，遮阴降低了各处理的穗粒数和千粒重，但各处理间无显著差异。

表6.9　遮阴和水分处理对冬小麦产量构成因素的影响

水分处理	遮阴处理	穗长（cm）	小穗数（个）	无效小穗数（个）	穗粒数（粒）	千粒重（g）
高水	S0	12.38 ± 0.30b	24.03 ± 0.20a	1.93 ± 0.03b	52.63 ± 0.44a	39.22 ± 0.51b
	S1	12.48 ± 0.17b	23.33 ± 0.03b	2.53 ± 0.13ab	51.10 ± 0.12a	42.25 ± 0.40a
	S2	12.58 ± 0.22ab	23.23 ± 0.24c	2.97 ± 0.48a	44.17 ± 0.59d	36.20 ± 0.36c
	S3	12.56 ± 0.03ab	22.63 ± 0.20c	3.00 ± 0.44a	46.67 ± 0.61c	30.93 ± 0.48d
低水	S0	12.47 ± 0.28b	23.47 ± 0.37ab	2.83 ± 0.18b	49.10 ± 0.46b	38.40 ± 0.51b
	S1	12.19 ± 0.06b	22.45 ± 0.09c	3.20 ± 0.61a	48.40 ± 0.12b	38.35 ± 0.47b
	S2	13.07 ± 0.15a	23.43 ± 0.07b	3.17 ± 0.09a	48.67 ± 0.38b	38.39 ± 0.26b
	S3	12.64 ± 0.09ab	23.40 ± 0.12b	3.07 ± 0.15a	49.00 ± 0.93b	38.86 ± 0.14b

6.8　对冬小麦产量和水分利用效率的影响

遮阴程度和水分状况对冬小麦产量、耗水量及水分利用效率影响如表6.10所示。结果表明，遮阴程度和水分状况对冬小麦的产量存在显著影响。在高水处理条件下，产量随着遮阴程度的增加而降低。相比S0处理，S2、S3处理显著降低了产量，分别达到29.71%、31.63%，而S1处理的产量与S0处理相比差异不显著。遮阴和水分对冬小麦耗水量的影响也达到了显著水平，相比S0处理，S1、S2、S3处理的耗水量依次显著降低了3.30%、6.06%、5.82%。在低水处理条件下，以S3处理下产量最高，为

7 808.72kg·hm^{-2}，这可能是因为开花后较高的群体光合速率为籽粒成熟和饱满提供了较多的光合产物，S1处理的产量最低，为7 574.13kg·hm^{-2}。对于水分利用效率来说，在高水处理条件下，S1处理的水分利用效率高于S0处理，但二者差异不显著。S2、S3处理的水分利用效率显著低于S0处理，分别下降25.17%、27.41%。在低水处理条件下，遮阴下各处理的水分利用效率与S0处理相比无显著差异。

表6.10　遮阴和水分处理对冬小麦产量、耗水量及水分利用效率的影响

水分处理	遮阴处理	产量（kg·hm^{-2}）	耗水量（mm）	水分利用效率（kg·m^{-3}）
高水	S0	9 060.83 ± 368.16a	428.32 ± 5.14a	2.12 ± 0.41a
	S1	8 848.57 ± 250.18a	414.18 ± 4.30b	2.14 ± 0.13a
	S2	6 369.27 ± 142.28c	402.38 ± 4.56c	1.58 ± 0.04b
	S3	6 194.47 ± 435.95c	403.40 ± 0.75c	1.54 ± 0.18b
低水	S0	7 791.77 ± 247.71b	356.67 ± 2.06de	2.18 ± 0.51a
	S1	7 574.13 ± 110.73b	349.40 ± 1.30e	2.17 ± 0.04a
	S2	7 694.17 ± 658.24b	357.08 ± 2.11de	2.16 ± 0.04a
	S3	7 808.72 ± 233.34b	360.78 ± 2.66d	2.16 ± 0.29a

6.9　小结

（1）遮阴程度和水分状况对冬小麦株高和叶面积指数的影响均达到显著水平。在两种水分处理条件下，冬小麦的株高和叶面积指数都表现为随着遮阴程度的增加而增加的趋势，而在相同光照条件下，随着水分的降低，株高和叶面积指数均呈现出下降的趋势。这是植物对弱光的一种适应性，将有利于植物在低光条件下捕获更多的光能，合成更多的光合产物，进一步提高自身的光感应面积来适应不良的生长环境。

（2）在两种水分处理条件下，遮阴能够增加各处理的土壤含水量，且增加幅度随着遮阴程度的增加而增加。在高水处理条件下，蒸腾量和耗

水量随着遮阴程度的增加而降低。相比S0处理，遮阴显著降低了累积蒸腾量和累积耗水量，S1、S2、S3处理较S0处理分别下降了5.91%、14.89%、12.41%和6.08%、13.62%、12.71%。在低水处理条件下，S1、S2、S3这3种遮阴处理的累积蒸腾量和累积耗水量与S0处理相比无显著差异，这可能主要是由于低水条件下遮阴减少了土壤水分消耗，开花后较高的土壤含水量使遮阴条件下各处理的蒸腾量和耗水量逐渐高于未遮阴处理，最终导致处理间累积耗水量和累积蒸腾量差异不明显。高水处理条件下的累积蒸腾量和累积耗水量明显高于低水处理，这主要是因为蒸腾量和耗水量受土壤含水量高低的影响。

（3）在高水处理条件下，干物质积累量随着遮阴程度的增加而下降。相比S0处理，S1处理的干物质积累总量下降不显著，而S2、S3处理的干物质积累总量分别显著降低了12.80%、13.25%。在低水处理条件下，遮阴对干物质积累总量的影响较小，这可能是因为S1处理的干物质积累量整体变化幅度较小，而S2、S3处理在开花期前的干物质积累量相对较低，但开花期之后较高的水分使S2、S3处理在开花后有较高的群体光合速率，为籽粒成熟和饱满提供更多的光合产物，使干物质增长更快。相比S0处理，S1、S2、S3这3种遮阴处理的干物质积累总量无显著差异。

（4）遮阴程度和水分状况对冬小麦的穗长、小穗数、无效小穗数、穗粒重和千粒重均达到了显著影响。产量的形成实际上是干物质积累以及分配的过程，遮阴通过影响地上部各器官干重的分配比例来影响干物质向穗部的转运，进而对穗粒数、千粒重和产量等产生影响。在高水处理条件下，相比S0处理，S1处理增加了无效小穗数，降低了穗粒数，但是千粒重增加，穗干重下降比例不显著，这可能是导致产量不显著降低的原因。S2、S3处理不仅增加了无效小穗数，导致粒重和粒数减少，而且显著降低了千粒重，降低穗部干重所占比例，严重影响穗部的发育。在低水处理条件下，相比S0处理，S1和S2处理降低了穗的干重及所占比例，但增加了S3处理穗干重及所占比例。

（5）遮阴程度和水分状况对冬小麦的产量、耗水量及水分利用效率均产生了显著影响。在高水处理条件下，相比S0处理，S1处理在保证适宜产量的前提下，能显著降低耗水量，提高冬小麦水分利用效率。S2和S3处理不仅降低了耗水量，降低了水分利用效率，而且产量也显著降低。在低水处理条件下，相比S0处理，S1、S2和S3处理的产量、耗水量及水分利用效率间均不存在显著差异。

7 主要结论、创新点及存在问题

7.1 主要结论

通过对冬小麦田间实际测定的光合速率和蒸腾速率的模拟分析，验证了冬小麦奢侈蒸腾的普遍存在性，并提出了奢侈蒸腾量的量化方法。冬小麦的奢侈蒸腾量随着生育期的推进而增加，到灌浆期之后逐渐降低。冬小麦的奢侈蒸腾量对灌溉和降水的反应较为敏感。

在充分供水条件下，相比不遮阴（S0）处理，轻度（S1）遮阴处理能够在不显著降低光合速率的同时显著降低蒸腾速率，即降低一部分无效蒸腾耗水，提高叶片水分利用效率，可以认为是一种抑制奢侈蒸腾的有效措施。而中度（S2）和重度（S3）遮阴处理虽然能够降低一部分蒸腾耗水，但也严重影响了冬小麦正常的光合作用，降低水分利用效率。在水分亏缺条件下，相比不遮阴（S0）处理，轻度（S1）遮阴处理在降低蒸腾速率的同时也降低了光合速率，而中度（S2）和重度（S3）遮阴处理不仅明显降低了光合速率，而且对蒸腾速率的抑制效果不显著，因此，低水处理条件下的遮阴处理并不是理想抑制奢侈蒸腾的途径。

在充分供水条件下，轻度（S1）遮阴不仅可以基本保证冬小麦群体正常的光合作用和生长发育，以及适宜的干物质积累量和产量，同时又可以降低无效水分消耗，提高水分利用效率，是一种既能够保证产量又可以节约水分的水光组合措施。中度（S2）和重度（S3）遮阴虽然可以降低一部分水分消耗，但同时也大幅度降低了群体正常的光合速率，进而影响干物质的积累和产量形成，降低水分利用效率。在水分亏缺条件下实施遮阴措施并不会对冬小麦产量、水分消耗及水分利用效率造成显著的影响。因此，在水分亏缺条件下遮阴处理并不是一项可以实现节水稳产的有效途径。

7.2 主要创新点

　　首次提出了较为可靠的量化计算冬小麦奢侈蒸腾量的方法。明确了冬小麦奢侈蒸腾的变化规律，以及对遮阴程度和水分状况的响应规律。

　　首次采用超过光饱和点后自动控制遮阴的方式来研究不同水分供给条件下遮阴程度对冬小麦生长发育、光合特性、产量形成及水分利用效率的影响，系统评价了通过遮阴和调控水分供给实现抑制奢侈蒸腾，实现稳产和高效节水相平衡的可行性，为后续研究和生产技术措施的开发提供了理论和数据基础。

7.3 存在问题与展望

　　本试验仅观测研究了一种冬小麦品种的奢侈蒸腾存在状况及变化规律，提出了奢侈蒸腾的量化确定方法及其对光照环境和水分供给状况的响应特征。其他作物种类，以及冬小麦的其他品种是否具有相同的规律与响应特性，还无法给出明确的答案。在未来的研究工作中，应考虑首先开展不同类型冬小麦品种奢侈蒸腾存在状况及变化规律的比较试验，验证奢侈蒸腾在冬小麦上的普遍存在性及其他变化规律的一致性，然后再针对其他农作物，特别是温室蔬菜作物，开展不同作物种类的比较研究。

　　试验结果显示，本项研究设置的S2和S3遮阴处理，已经严重影响了植株和群体正常的光合作用，导致叶片和群体水平上的光合速率和蒸腾速率都大幅度下降，表现在干物质积累和产量上也有明显的降低，已经超出了正常生产允许的范围。说明试验设置的S2和S3处理的遮阴程度过大，在未来的研究中，需要寻找合适的遮阴材料，设置适当的遮阴率处理，使研究结果具有更好的科学和实践意义。

　　计算分析发现，低水处理条件下也存在奢侈蒸腾现象，但采用遮阴方式并不能对其加以抑制。因此，在下一步的研究中，除适当减轻遮阴程度和缩小遮阴梯度外，还需要设置更多的水分供给状况梯度，充分探索不同水分供给程度对奢侈蒸腾存在状况及变化规律的影响，进一步探索奢侈蒸腾的存在条件以及适宜的调控途径和技术措施。

　　本研究在大田试验条件下进行，因此不可避免地会受到试验年份气象环境的影响。另外，试验过程中遮阴措施是在光合有效辐射超过光饱和点之后实施遮阴。这样做只考虑了光合有效辐射单一因素，未考虑温度、湿度、CO_2浓度等因素对光饱和点的影响。因此，虽然两年的试验结果基本能够反映出遮阴程度和水分状况对作物生长发育、光合特性、产量形成及水分利用效率等指标的影响，但试验结果的可靠性和准确性还难以保证，未来还需要继续开展若干年的试验研究工作，以确保研究结果的完整性和科学性。

参考文献

包青春，王兵，赵广东，等，2008. CO_2浓度短期倍增对银杏叶片光合特性的影响. 内蒙古农业大学学报（自然科学版），29（4）：44-48.

曹倩，贺明荣，代兴龙，等，2012. 氮密互作对小麦花后光合特性及籽粒产量的影响. 华北农学报，27（4）：206-212.

柴兆明，2000. 永昌县春小麦喷灌节水效益研究. 甘肃农业大学学报，35（3）：326-330.

陈林，杨新国，翟德苹，等，2015. 柠条秸秆和地膜覆盖对土壤水分和玉米产量的影响. 农业工程学报，31（2）：108-115.

陈晓远，高志红，罗远培，等，2004. 水分胁迫效应对冬小麦生长发育的影响研究. 华北农学报，19（3）：43-46.

陈兆波，2007. 生物节水研究进展及发展方向. 中国农业科学，40（7）：1456-1462.

崔海岩，2013. 遮阴对夏玉米产量及其生理特性的影响. 泰安：山东农业大学.

崔海岩，靳立斌，李波，等，2012. 遮阴对夏玉米茎秆形态结构和倒伏的影响. 中国农业科学，45（17）：3497-3505.

邓飞，王丽，姚熊，等，2009. 不同生育阶段遮阴对水稻籽粒充实和产量的影响. 四川农业大学学报，29（3）：265-269.

董树亭，1991. 高产冬小麦群体光合能力与产量关系的研究. 作物学报，17（6）：461-469.

范叶萍，余让才，郭志华，1998. 遮阴对匙叶天南星生长及光合特性的影响. 园艺学报（3）：270-274.

冯妍，2011. 太阳辐射减弱下冬小麦生物量变化的大田试验与模拟研究. 南京：南京信息工程大学.

付景，李湖海，赵久然，等，2009. 弱光胁迫对不同基因型玉米光合色素的影响. 河南农业科学（6）：31-34.

盖江南，毕建杰，刘建栋，等，2008. 水分胁迫对冬小麦干物质分配的影响. 华北农学报，23（增刊）：5-9.

高阳，黄玲，李新强，等，2013. 开花后水分胁迫对冬小麦旗叶光合作用和保护酶活性的影响. 水土保持学报，27（4）：201-206.

郭翠花，高志强，苗果园，2010. 花后遮阴对小麦旗叶光合特性及籽粒产量和品质的影响. 作物学报，36（4）：673-679.

郭天财，王之杰，胡廷积，等，2001. 不同穗型小麦品种群体光合特性及产量性状的研究. 作物学报，27（5）：633-639.

郝兴宇，韩雪，李萍，等，2011. 大气CO_2浓度升高对绿豆叶片光合作用及叶绿素荧光参数的影响. 应用生态学报，22（10）：2776-2780.

侯晶东，曹兵，宋丽华，2012. CO_2浓度倍增对宁夏枸杞光合特性的影响. 南京林业大学报（自然科学版），36（5）：71-76.

侯贤清，李荣夏，韩清芳，等，2012. 闲期不同耕作模式对土壤蓄水保墒效果及作物水分利用效率的影响. 农业工程学报，28（3）：94-100.

姬景红，李玉影，李双全，等，2015. 覆膜滴灌对玉米光合特性、物质积累及水分利用效率的影响. 玉米科学，23（1）：128-133.

纪莎莎，2017. 基于作物叶片尺度水分高效利用的气孔最优调控机理研究与应用. 北京：中国农业大学.

贾士芳，2007. 生育后期遮光对玉米产量和品质及生理特性的影响. 泰安：山东农业大学.

接玉玲，杨洪强，崔明刚，等，2001. 土壤含水量与苹果叶片水分利用效率的关系. 应用生态报，12（3）：387-390.

康绍忠，刘晓明，熊运章，1994. 土壤—植物—大气连续体水分传输理论及其应用. 北京：水利电力出版社.

康绍忠，潘英华，石培泽，等，2001. 控制性作物根系分区交替灌溉的理论与试验. 水利学报（11）：80-86.

康绍忠，张建华，梁宗锁，等，1997. 控制性分根灌溉——一种新的农田节水调控思路. 干旱地区农业研究，15（1）：1-6.

李茂松，2010. 作物奢侈蒸腾及其调控基础研究. 北京：中国农业科学院.

李尚中，王勇，樊廷录，等，2007. 水分胁迫对冬小麦生长发育和产量的影响.

甘肃农业科技（10）：3-6.

李生秀，1994.施用氮肥对提高作物利用土壤水分的作用机理和效果.干旱地区农业研究，12（1）：38-46.

李秧秧，黄占斌，2001.节水农业中化控技术的应用研究.节水灌溉（3）：4-6.

刘博，韩勇，解文孝，等，2008.灌浆结实期弱光对水稻产量、生理及品质的影响.中国稻米，14（5）：36-40.

刘超，张国钍，朱慧杰，等，2015.灌水与氮硫配施对冬小麦产量及水分利用的影响.河南农业科学，44（1）：13-18.

刘恩科，梅旭荣，龚道枝，等，2010.不同生育时期干旱对冬小麦氮素吸收与利用的影响.植物生态学报，34（5）：555-562.

刘培，蔡焕杰，王健，2010.土壤水分胁迫对冬小麦生长发育、物质分配及产量构成的影响.农业现代化研究，31（3）：330-333.

刘树堂，东先旺，孙朝辉，等，2003.水分胁迫对夏玉米生长发育和产量形成的影响.莱阳农学院学报，20（2）：98-100.

刘贤赵，2001.土壤水分与遮阴对作物水分利用的影响机理与效应研究.杨凌：西北农林科技大学.

刘小飞，孙景生，王景雷，等，2008.冬小麦喷灌水量与产量关系研究.安徽农业科学，36（2）：475-476，513.

刘小刚，万梦丹，齐韵涛，等，2017.不同遮阴下亏缺灌溉对小粒咖啡生长和水光利用的影响.农业机械学报，48（1）：190-197.

刘祚昌，赖世登，余彦波，等，1980.小麦光合速率和光呼吸与产量形状的关系.中国农业科学（3）：11-15.

马富举，2011.小麦幼苗生长对水分胁迫的响应及其生理机制.南京：南京农业大学.

孟凡超，刘明，于吉琳，等，2011.水分胁迫对玉米产量及干物质分配的影响.江苏农业科学，39（3）：96-98.

孟凡超，张佳华，郝翠，等，2015.CO_2浓度升高和不同灌溉量对东北玉米光合特性及产量的影响.生态学报，35（7）：2126-2135.

潘丽萍，李彦，唐立松，2010.分根交替灌水对棉花生长、光合与水分利用效率的影响.棉花学报，22（2）：138-144.

潘瑞炽，王小菁，李娘辉，2012. 植物生理学（第七版）. 北京：高等教育出版社：22.

庞艳梅，2008. 水分胁迫对大豆生长发育、生理生态特征及养分运移的影响. 北京：中国农业科学院.

齐健，宋凤斌，刘胜群，2006. 苗期玉米根叶对干旱胁迫的生理回应. 生态环境，15（6）：1264-1268.

祁祥，2013. 遮阴对谷子生理特性及产量的影响. 太谷：山西农业大学.

乔旭，张宏芝，雷钧杰，等，2013. 遮阴强度对小麦光合及籽粒灌浆特性的影响. 西北农业学报，22（8）：9-14.

任德昌，徐恒永，李群，1998. 高产冬小麦不同分蘖成穗类型品种群体光合能力的研究. 麦类作物，18（2）：24-26.

山仑，邓西平，2006. 生物节水研究现状及展望. 中国科学基金，20（2）：66-71.

山仑，徐萌，1991. 节水农业及其生理生态基础. 应用生态学报，2（1）：70-76.

单长卷，2006. 土壤干旱对小麦幼苗光合、蒸腾速率及水分利用效率的影响. 河南农业科学（11）：23-25.

上官周平，周维，1998. 栽培条件对冬小麦叶片水分利用效率的影响. 植物营养与肥料学报，4（3）：231-236.

邵玺文，张瑞珍，齐春艳，等，2004. 拔节孕穗期水分胁迫对水稻生长发育及产量的影响. 吉林农业大学学报，26（3）：237-241.

石岩，林琪，潘波，等，1995. 水分胁迫对冬小麦生长发育和产量形成的影响. 莱阳农学院学报，12（4）：247-251.

石岩，林琪，位东斌，1997. 土壤水分胁迫对冬小麦耗水规律及产量的影响. 华北农学报，12（2）：76-81.

史建国，朱昆仑，曹慧英，等，2015. 花粒期光照对夏玉米干物质积累和养分吸收的影响. 应用生态学报，26（1）：46-52.

孙岩，2007. 水分胁迫对冬小麦的生长发育、生理特征及养分运输的影响. 北京：中国农业科学院.

王芳，朱洪德，李伟，2006. 干旱胁迫对不同大豆品系干物质积累的影响. 黑龙江八一农垦大学学报，18（2）：23-26.

王会肖，刘昌明，2003. 作物光合、蒸腾与水分高效利用的试验研究. 应用生态学报，14（10）：1632-1636.

王庆材，孙学振，宋宪亮，等，2006. 不同棉铃发育时期遮荫对棉纤维品质性状的影响. 作物学报，32（5）：671-675.

王学文，付秋实，王玉珏，等，2010. 水分胁迫对番茄生长及光合系统结构功能的影响. 中国农业大学学报，15（1）：7-13.

王一，杨文钰，张霞，等，2013. 不同生育时期遮阴对大豆形态性状和产量的影响. 作物学报，39（10）：1871-1879.

王艺，韦小丽，2010. 不同光照对植物生长、生理生化和形态结构影响的研究进展. 山地农业生物学报，29（4）：353-359.

王燕培，柴守玺，陈玉章，等，2014. 不同秸秆还田处理对旱地冬小麦土壤水分的影响. 水土保持研究，21（6）：164-170.

王智威，2013. 水分胁迫下玉米苗期的生长及生理响应. 杨凌：西北农林科技大学.

闻婧，孟力力，张俊，等，2014. 弱光对植物光合特性影响的研究进展. 江苏农业科学，42（7）：22-24.

吴海卿，段爱旺，杨传福，2000. 冬小麦对不同土壤水分的生理和形态响应. 华北农学报，15（1）：92-96.

吴亚男，朱海燕，张春玲，等，2015. 遮阴对春玉米物质生产及产量形成的影响. 玉米科学，23（1）：97-102.

吴正锋，孙学武，王才斌，等，2014. 弱光胁迫对花生功能叶片RuBP羧化酶活性及叶绿体超微结构的影响. 植物生态学报，38（7）：740-748.

武晓玲，张丽君，聂邵仙，等，2014. 弱光对大豆苗期生长及光合荧光特性的影响. 大豆科学，33（1）：53-57.

武玉叶，李德全，2001. 土壤水分胁迫对冬小麦叶片渗透调节及叶绿体超微结构的影响. 华北农学报，16（2）：87-93.

解婷婷，苏培玺，高松，2010. 林泽绿洲边缘区棉花群体光合速率、蒸腾速率及水分利用效率. 应用生态学报，21（6）：1425-1431.

徐恒永，赵君实，1995. 高产冬小麦的冠层光合能力及不同器官的贡献. 作物学报，21（2）：204-209.

许迪，龚时宏，2005. 中国节水农业技术与产品需求分析. 灌溉排水学报，24（1）：1-7.

许旭旦，1983. 叶面喷施腐殖酸对小麦临界期干旱的生理调节作用的初步研究. 植物生理学报（4）：367-373.

薛松，王沛洪，1992. 水分胁迫对冬小麦CO_2同化作用的影响. 植物生理学报，18（2）：1-7.

闫永銮，郝卫平，梅旭荣，等，2011. 拔节期水分胁迫—复水对冬小麦干物质积累和水分利用效率的影响. 中国农业气象，32（2）：190-195.

杨文文，2006. 晋西黄土区刺槐蒸腾、光合与水分利用的试验研究. 水土保持研究，13（1）：72-75.

杨永辉，武继承，李学军，等，2014. 耕作和保墒措施对冬小麦生育时期光合特征及水分利用的影响. 中国生态农业学报，22（5）：534-542.

于文颖，纪瑞鹏，冯锐，等，2015. 不同生育期玉米叶片光合特性及水分利用效率对水分胁迫的响应. 生态学报，35（9）：2902-2909.

岳寿松，亓新华，余松烈，1992. 冬小麦生育后期的群体光合作用与物质生产能力. 山东农业大学学报，23（1）：9-13.

张国盛，张仁陟，2001. 水分胁迫下氮磷营养对小麦根系发育的影响. 甘肃农业大学学报，36（2）：163-167.

张吉旺，2005. 光温胁迫对玉米产量和品质及其生理特性的影响. 泰安：山东农业大学.

张坚强，刘作新，2001. 化学制剂在节水农业中的应用效果. 灌溉排水学报，9（3）：73-75.

张建平，何永坤，王靖，等，2015. 不同发育期干旱对玉米籽粒形成与产量的影响模拟. 中国农业气象，36（1）：43-49.

张静，2012. 遮荫条件下干旱对夏大豆水分利用与光合生产的影响及其机理研究. 雅安：四川农业大学.

张娟，张正斌，谢惠民，等，2005. 小麦叶片水分利用效率及相关生理性状的关系研究. 作物学报，31（12）：1593-1599.

张秋英，李发东，高克昌，等，2005. 水分胁迫对冬小麦光合特性及产量的影响. 西北植物学报，25（6）：1184-1190.

张瑞美，彭世彰，徐俊增，等，2006.作物水分亏缺诊断研究进展.干旱地区农业研究，24（2）：5-10.

张淑杰，张玉书，纪瑞鹏，等，2011.水分胁迫对玉米生长发育及产量形成的影响研究.中国农学通报，27（12）：68-72.

张振平，齐华，张悦，等，2009.水分胁迫对玉米光合速率和水分利用效率的影响.华北农学报，24（增刊）：155-158.

赵宏伟，李秋祝，魏永霞，2006.不同生育时期干旱对大豆主要生理参数及产量的影响.大豆科学，25（3）：329-332.

赵立华，胡中会，李成云，等，2012.不同遮光程度对玉米叶片结构的影响.中国农学通报，28（6）：43-46.

赵丽英，邓西平，山仑，2006.渗透胁迫对小麦幼苗生长及水分状况的影响.中国农学通报，22（10）：459-462.

AL-HELAL I M, AL-MUSALAM I, 2003. Influence of shading on the performance of a greenhouse evaporative cooling system. Arab Gulf Journal of Scientific Research, 21（1）：71-78.

ARCHER E, STRAUSS H C, 1989. Effect of shading on the performance of *Vitis Viniera* L. cv. Cabernet Sauvignon. South African Journal for Enology & Viticulture, 10（2）：74-77.

ARIOSA Y D, CARRASCO A, QUESADA E, et al., 2006. Incorporation of different N scources and light response curves of nitrogenase and photosynthesis by cyanobacterial blooms from rice fields. Microbial Ecology, 51：394-403.

AYENEH A, VAN G M, REYNOLDS M P, et al., 2002. Comparison of leaf, spike, peduncle and canopy temperature depression in wheat under heat stress. Field Crops Research, 79：173-184.

BAKER J T, ALLEN L H, 1993. Contrasting crop species responses to CO_2 and temperature：rice, soybean and citrus. Vegetatio, 104：239-260.

BAUER P J, SADLER E J, FREDERICK J, 1997. Intermittent shade on gas exchange of cotton leaves in the humid southeastern USA. Agronomy Journal, 89：163-166.

BLACKMAN P G, DAVIES W J, 1985. Root to shoot communication in maize plants of the effects of soil drying. Journal Experiment of Botany, 36: 39-48.

CHANGHAI S, BAODI D, YUNZHOU Q, et al., 2010. Physiological regulation of high transpiration efficiency in winter wheat under drought conditions. Plant Soil and Environment, 57: 340-347.

CHASTAIN D R, SNIDER J L, COLLINS G D, et al., 2014. Water deficit in field-grown Gossypium hirsutum, primarily limits net photosynthesis by decreasing stomatal conductance, increasing photorespiration, and increasing the ratio of dark respiration to gross photosynthesis. Journal of Plant Physiology, 171 (17): 1576-1585.

CHATURVEDI G S, INGRAM K T, 1989. Growth and yield of low land rice in response to shade and drainage. Crop Science, 14: 61-67.

CIRL F, HENRY R, 1960. Transpiration of wheat plants cultivated under different environmental conditions. Physiologia Plantarum, 13 (3): 482-486.

COCHARD H, COLL L, ROUX X Y, et al., 2002. Unraveling the effects of plants hydraulics on stomatal closure during water stress in walnut. Plant Physiology, 128: 282-290.

COLLINS A R, BURTON A J, CAVALERI M A, 2018. Effects of experimental soil warming and water addition on the transpiration of mature sugar maple. Ecosystems, 21: 98-111.

CONDON A G, RICHARDS R A, REBTESKE G J, et al., 2004. Breeding for high water-use efficiency. Journal of Experimental Botany, 55: 2447-2460.

CROOKSTON R K, TREHARNE K J, LUDFORD P, 1975. Response of beans to shading. Crop Science, 15: 412-416.

DAVIES W J, ZHANG J H, 1991. Root signals and the regulation of growth and development of plants in drying soil. Annual Review of Plant Physiology and Plant Molecular Biology, 42: 55-76.

DINGKULM M, 1989. Net Photosynthesis, water use efficiency, leaf water potential and leaf roiling as affected by water deficit in tropical upland rice. Australian Journal of Experimental Agriculture, 40 (6): 1171-1181.

DODD I C, 2009. Rhizosphere manipulations to maximize "crop per drop" during deficit irrigation. Journal of Experimental Botany, 60（9）：2454-2459.

DONG T L, FORRESTER D I, BEADLE C, et al., 2016. Effects of light availability on crown structure, biomass production, light absorption and light-use efficiency of Hopea odorata planted within gaps in Acacia hybrid plantations. Plant Ecology & Diversity, 9（5-6）：535-548.

EBADI A, COOMBE B, 1996. Effect of short-term temperature and shading on fruit set, seed and berry development in model vines of *V. vinefera* cv. Chardonnay and Shiraz. Australian Journal of Grape and Wine Research, 2：2-9.

EFEOGLU B, EKMEKCI Y, CICEK N, 2009. Physiological responses of three maize cultivars to drought stress and recovery. South African Journal of Botany, 75：34-42.

FARQUHAR G D, SHARKEY T D, 1982. Stomatal conductance and photosynthesis. Annual Review of Plant Physiology, 33（3）：317-345.

FAY P A, KNAPP A K, 1993. Photosynthetic and stomatal responses of *Avena sativa* to avariable light environment. American Journal of Botany, 80：1369-1373.

FAY P A, KNAPP A K, 1998. Responses to short-term reductions in light in soybean leaves：effects of leaf position and drought stress. International Journal of Plant Sciences, 159：805-811.

GAO Y, YANG L L, SHEN X J, et al., 2014. Winter wheat with subsurface drip irrigation（SDI）：crop coefficients, water-use estimates, and effects of SDI on grain yield and water use efficiency. Agricultural Water Management, 146：1-10.

GENT M P N, 2007. Effect of shade on quality of greenhouse tomato. Acta Horticulturae, 747：107-112.

HAN J, ZHANG W, XIONG D, et al., 2017. Mesophyll conductance and its limiting factors in plant leaves. Chinese Journal of Plant Ecology, 41：914-924.

HUNSAKER D J, HENDREY G R, KIMBALL B A, et al., 1994. Cotton evapotranspiration underfield conditions with CO_2 enrichment and variable soil moisture regimes. Agricultural and Forest Meteorology, 70（1-4）：247-258.

JHA S K, GAO Y, LIU H, et al., 2017. Root development and water uptake in winter wheat under different irrigation methods and scheduling for North China. Agricultural Water Management, 182: 139-150.

JI S S, TONG L, LI F S, et al., 2017. Effect of a new antitranspirant on the physiology and water use efficiency of soybean under different irrigation rates in an arid region. Frontiers of Agricultural Science and Engineering, 4: 155-164.

JONES H G, 1976. Crop characteristics and the ratio between assimilation and transpiration. Journal of Applied Ecology, 132: 605-622.

KANG S Z, HAO X M, DU T S, et al., 2017. Improving agricultural water productivity to ensure food security in China under changing environment: from research to practice. Agricultural Water Management, 179: 5-17.

KANG S Z, LIANG Z S, PAN Y H, et al., 2000. Alternate furrow irrigation for maize production in an arid area. Agricultural Water Management, 45: 267-274.

KANG S Z, ZHANG J H, 2004. Controlled alternate partial root-zone irrigation: its physiological consequences and impact on water use efficiency. Journal of Experimental Botany, 55: 2437-2446.

KIMBALL B A, LAMORTE R L, SEAY R S, et al., 1994. Effects of free-air CO_2 enrichment on energy balance and evapotranspiration of cotton. Agricultural and Forest Meteorology, 70: 259-278.

KITTAS C, BAILIE A, GIAGLARAS P, 1999. Influence of covering material and shading on the spectral distribution of light in greenhouses. Journal of Ginseng Research, 73: 341-351.

KOBATA T, MAKOTO S, 2000. Shading during the early grain filling period does not affect potential grain dry matter increase in rice. Agronomy Journal, 92: 411-417.

LEFI E, MEDRANO H, CIFRE J, 2004. Water uptake dynamics, photosynthesis and water use efficiency in field grown Medicago arborea and Medicago citrine under prolonged Mediterranean drought conditions. Annals of Applied Biology, 144: 299-307.

LIU X G, QI Y T, LI F S, et al., 2018. Impacts of regulated deficit irrigation on yield, quality and water use efficiency of Arabica coffee under different shading levels in dry and hot regions of southwest China. Agricultural Water Management, 204: 292-300.

LORENZO P, SAINCHEZ-GUERRERO M C, MEDRANO E, et al., 2003. External greenhouse mobile shading: effect on microclimate, water use efficiency and yield of a tomato crop grown under different salinity levels of the nutrient solution. Acta Horticulturae, 609: 181-186.

MARSAL J, CASADESUS J, LOPEZ G, et al., 2016. Sustainability of regulated deficit irrigation in a mid-maturing peach cultivar. Irrigation Science, 34 (3): 201-208.

MCKENNEY M S, ROSENBERG N J, 1993. Sensitivity of some potential evapotranspiration estimation methods to climate change. Agricultural and Forest Meteorology, 64: 81-110.

MU H, JIANG D, WOLLENWEBER B, et al., 2010. Long-term low radiation decreases leaf photosynthesis, photochemical efficiency and grain yield in winter wheat. Journal of Agronomy and Crop Science, 196: 38-47.

MURRAY D B, NICHOLS R, 1966. Light, shade and growth in some tropical plants. In: BAINBRIDGE R, EVANS G C, RACKHAM O, eds. Light as an Ecological Factor. Oxford: Blackwell: 249-263.

NIU S L, PENG Y, JIANG G M, et al., 2004. Differential responses to simulated precipitation exhibited by a typical shrub and a herb coexisted in hunshandak sandy land. Acta Botanica Sinica, 46: 1170-1177.

NIU S L, XING X R, ZHANG Z, et al., 2011. Water-use efficiency in response to climate change: from leaf to ecosystem in a temperate steppe. Global Change Biology, 17: 1073-1082.

NIU S L, WU M, HAN Y, et al., 2008. Water-mediated responses of ecosystem C fluxes to climatic change in a temperate steppe. New Phytologist, 177: 209-219.

NIU S L, YANG H, ZHANG Z, et al., 2009. Non-additive effects of water and nitrogen addition on ecosystem carbon exchange in a temperate steppe. Ecosystems, 12: 915-926.

OTIENO D O, SCHMIDT M W, KINYAMARIO J I, et al., 2005. Responses of Acacia tortilis and Acaciaxanthophloea to seasonal changes in soil water availability in the savanna region of Keny. Journal of Arid Environments, 62: 377-400.

OTTMAN M J, WELCH L F, 1988. Supplemental radiation effects on senescence, plant nutrients, and yield of field-grown corn. Agronomy Journal, 80: 619-626.

PALLARDY S G, 2008. Physiology of woody plants (third edition). USA: Academic Press.

PATANÈ C, TRINGALI S, SORTINO O, 2011. Effects of deficit irrigation on biomass, yield, water productivity and fruit quality of processing tomato under semi-arid Mediterranean climate conditions. Scientia Horticulturae, 129 (4): 590-596.

PETERSEN K L, MORESHET S, FUCHS M, 1991. Stomatal responses of field-grown cotton to radiation and soil moisture. Agronomy Journal, 83: 1059-1065.

PICOTTE J J, ROSENTHAL D M, RHODE J M, et al., 2007. Plastic responses to temporal variation inmoisture availability: Consequences forwater use efficiency and plant performance. Oecologia, 153: 821-832.

PUEKRIDGE D W, 1970. Photosynthesis of wheat under field conditions Ⅲ: seasonl trends in carbondioxideu uptake of crop communities. Australian. Journal of Agricultural Research, 22: 1-9.

REDDY B K, ANGIRA B, BLASER B C, et al., 2015. Transpiration efficiency of grain sorghum and maize under different planting geometries. Journal of Crop Improvement, 29: 619-635.

ROGERS H H, RUNION G B, KRUPA S V, 1994. Plant responses to atmospheric CO_2 enrichment with emphasis on roots and the rhizosphere. Environment Pollution, 83: 155-189.

SANTESTEBAN L G, MIRANDA C, ROYO J B, 2011. Regulated deficit irrigation effects on growth, yield, grape quality and individual anthocyanin composition in *Vitis vinifera* L. cv. 'Tempranillo'. Agricultural Water Management, 98（7）: 1171-1179.

SETHI V P, SHARMA S K, 2007. Survey of cooling technologies for worldwide agricultural greenhouse applications. Solar Energy, 81（12）: 1447-1459.

SHAO H B, LIANG Z S, SHAO M A, 2006. Progress and trend in the study of anti-drought physiology and biochemistry and molecular biology of wheat. Acta Prataculturae Sinica, 15（3）: 12-25.

SHASHA J I, LING T F, LI F S, et al., 2017. Effect of a new antitranspirant on the physiology and water use efficiency of soybean under different irrigation rates in an arid region. Frontiers Agricultural Science and Engineering, 4（2）: 155-164.

SHIMBER G T, ISMAIL M R, KAUSAR H, et al., 2013. Plant water relations, crop yield and quality in coffee（*Coffea arabica* L.）as influenced by partial root zone drying and deficit irrigation. Australian Journal of Crop Science, 7（9）: 1361-1368.

SINGH D, 1986. Effect of low light on growth and yield of rainfed cotton. Indian Journal of Plant Physiology, 29: 230-236.

SOMPORN C, KAMTUO A, THEERAKULPISUT P, et al., 2012. Effect of shading on yield, sugar content, phenolic acids and antioxidant property of coffee beans（*Coffea Arabica* L. cv. Catimor）harvested from north-eastern Thailand. Journal of the Science of Food and Agriculture, 92（9）: 1956-1963.

SRINIVASA R N, 1985. The effects of antitranspirants on leaf water status, stomatal resistance and yield in tomato. Journal of Horticultural Science, 60（1）: 89-92.

SUSHIL T, STEWART B A, XUE Q W, 2017. Grain sorghum transpiration efficiency at different growth stages. Plant Soil and Environment, 63: 70-75.

TESFAYE S G, ISMAIL M R, RAMLAN M F, et al., 2014. Effect of soil drying on rate of stress development, leaf gas exchange and proline accumulation in robusta coffee（*Coffea canephora* Pierre ex Froehner）clones. Experimental Agriculture, 50（3）：458−479.

THANGARAJ M, SIVASUBRAMANIAN V, 1990. Effects of low light intensity on growth and productivity of irrigated rice. Madras Agricultural Journal, 77：220−224.

WANG G S, LIANG Y P, ZHANG Q, et al., 2016. Mitigated CH_4 and N_2O emissions and improved irrigation water use efficiency in winter wheat field with surface drip irrigation in the North China Plain. Agricultural Water Management, 163：403−407.

WILKINSON S, DAVIES W J, 2002. ABA-based chemical signalling：The co-ordination of responses to stress in plants. Plant Cell and Environment, 25：195−210.

WILLITS D H, PEET M M, 2000. Intermittent application of water to an externally mounted greenhouse shade cloth to modify cooling performance. Journal of the ASABE, 43（5）：1247−1252.

XU C L, TAO H B, WANG P, et al., 2016. Slight shading after anthesis increases photosynthetic productivity and grain yield of winter wheat（*Triticum aestivum* L.）due to the delaying of leaf senescence. Journal of Integrative Agriculture, 15（1）：63−75.

YANG J C, ZHANG J H, WANG Z Q, et al., 2003. Postanthesis water deficits enhance grain filling in two-line hybrid rice. Crop Science, 43（6）：2099−2108.

YILDIRIM M, DEMIREL K, BAHAR E, 2017. Radiation use efficiency and yield of pepper（*Capsicum annuum* L. cv. California Wonder）under different irrigation treatments. Journal of Agricultural Science and Technology, 19（3）：693−705.

YU G R, WANG Q F, ZHUANG J, 2004. Modeling the water use efficiency of soybean and maize plants under environmental stresses：application of a synthetic model of photosynthesis-transpiration based on stomatal behavior. Journal of Plant Physiology, 161（3）：303−308.

ZHAO D, OOSTERHUIS D M, 1998. Influence of shade on mineral nutrient status offield-grown cotton. Plant Nutrient, 21: 1681-1695.

ZHAO H, ZHANG Z B, SHAO H B, et al., 2008. Genetic correlation and path analysis of transpiration efficiency for wheat flag leaves. Environmental and Experimental Botany, 64（2）: 128-134.

ZOU D S, KAHNT G, 1988. Effect of air humidity on photosynthesis and transpiration of soybean leaves. Journal of Agronomy and Crop Science, 161（3）: 190-194.